国家出版基金项目
NATIONAL PUBLICATION FOUNDATION

空间光学遥感工程
Space Optical Remote Sensing Program

"十三五"国家重点出版物出版规划项目

空间光学系统

曹东晶 等 著

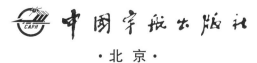

中国宇航出版社

·北京·

图书在版编目（CIP）数据

空间光学系统 / 曹东晶等著 . -- 北京：中国宇航
出版社，2024.3

（空间光学遥感工程）

ISBN 978 - 7 - 5159 - 2283 - 6

Ⅰ.①空… Ⅱ.①曹… Ⅲ.①光学仪器－研究 Ⅳ.
①TH74

中国国家版本馆 CIP 数据核字（2023）第 179846 号

责任编辑	刘 凯	**封面设计**	王晓武	

**出 版
发 行** 中国宇航出版社

社　址	北京市阜成路 8 号　**邮　编**　100830		**版　次**	2024 年 3 月第 1 版
	（010）68768548			2024 年 3 月第 1 次印刷
网　址	www.caphbook.com		**规　格**	787×1092
经　销	新华书店		**开　本**	1/16
发行部	（010）68767386　　（010）68371900		**印　张**	14
	（010）68767382　　（010）88100613（传真）		**字　数**	341 千字
零售店	读者服务部　　　　（010）68371105		**书　号**	ISBN 978 - 7 - 5159 - 2283 - 6
承　印	北京中科印刷有限公司		**定　价**	138.00 元

本书如有印装质量问题，可与发行部联系调换

撰写人员名单

主　撰　曹东晶

撰　写（按姓氏笔画排序）

王　利　杜建祥　连华东　陈晓丽　周于鸣

宗肖颖　赵　野　黄　颖　焦文春

目　录

第 1 章 绪 论

1.1 空间光学遥感器概述

空间光学是在高层大气中和大气外层空间利用光学设备对空间和地球进行观测与研究的技术，是应用光学的一个分支。20 世纪 50 年代，苏联发射了第一颗人造卫星，标志着空间时代的到来，空间光学技术从此开始起步。目前，空间光学及光学仪器主要应用在以下领域：

对地球进行观测和研究，主要是利用光学仪器通过可见光和红外大气窗口探测并记录大气、陆地和海洋的物理特征，从而研究它们的状况和变化规律。在民用上为解决资源勘查、地质、测绘、海洋、气象等方面的科学问题服务；在军事上为侦察、预警等服务。

对空间进行观测和研究，主要包括空间天文、行星与太阳系探测以及空间态势感知。空间天文主要是利用不同波段及不同类型的光学仪器和设备，接收来自天体的可见光、红外线、紫外线和软 X 射线，探测空间天体的存在，测定它们的位置，研究它们的结构，探索它们的运动和演化规律[1]。行星与太阳系探测包括月球探测、火星探测以及对太阳系各层次其他天体的探测，从探测形式上来看，包括飞越探测、着陆探测等。随着越来越多的国家拥有进入太空和利用太空的战略实力，以美国为首的军事强国正积极开展空间态势感知能力建设。空间态势感知的数据可分为两大类：一是空间目标数据，包括地球轨道上的所有目标（活动卫星、失效卫星、空间碎片等）数据；二是空间环境数据，也就是空间气象数据，包括中高层大气、电离层、磁层、等离子体层、辐射带、太阳风和行星际磁场等数据[1]。从空间对天体进行观测时，摆脱了在地面进行观测时大气带来的种种限制，是科学上的一大进步[2]。

1.1.1 基本概念

空间光学遥感器是装在空间平台（可提供电源、姿态稳定、环境控制等轨道保障条件）上，以光学波段（紫外、可见光、红外）对地球或空间目标进行拍照并传回信息的具有光、机、电、热、控制和信息处理等技术综合性的光机仪器[3]。空间光学遥感器是空间光学观测卫星的主要载荷，直接决定了卫星的功能和性能指标。

1957 年，苏联发射了第一颗人造卫星，标志着空间时代的到来。1975 年，我国首颗对地观测卫星发射成功，开启了我国空间对地观测的新纪元[2]。经过半个多世纪的发展，世界各国经历过业务应用的空间光学遥感器达到数千台（套），广泛应用于地球资源、环境和灾害监测、海洋、气象、军事侦察以及天文观测和深空探测等领域，已经成为人类认识自然、探索地球外层空间和扩展对宇宙空间认识的不可或缺的手段，为各国经济建设、科技发展做出了重要贡献。

1.1.2　基本组成

空间光学遥感器主要由光学系统（镜头）、探测器和成像电路、热控装置、控制和信息处理器等组成[3]。

1）光学系统。光学系统起收集目标信号光能量和抑制杂光等作用，一般由光学元件、光学元件支撑结构、镜头支撑结构、活动机构、其他结构（如消杂光结构等）以及热控组件组成。空间光学遥感器总体设计的重要问题是将对光学遥感器的使用要求变换为对光学系统的技术要求，如光学系统的工作波段、传递函数与分辨率等，并进一步确定光学系统的结构参数，如焦距、相对孔径、视场等。

2）探测器和成像电路。探测器是一种光电转换器件，主要功能是把接收到的电磁辐射能量转化成电信号。探测器对于光学遥感器的性能如灵敏度和分辨率等具有重要影响。光学遥感器中使用的探测器有多种，目前，应用于可见光和近红外谱段的主要探测器有面阵 CCD 探测器、TDICCD 探测器、面阵 CMOS 探测器以及 TDICMOS 探测器等。应用于红外谱段的探测器主要有 HgCdTe 探测器和 InGaAs 探测器等。成像电路主要对来自探测器的信号进行放大和滤波，然后进行采样和数字化。在这一处理过程中，应最大限度地降低电路噪声对成像质量的影响。

3）热控装置。热控装置的主要功能是控制遥感器内部及外部环境热交换过程，使其热平衡温度处于要求范围之内，它是保障遥感器成像质量的重要系统之一。热控装置一般由热控涂层、隔热薄膜、相变材料、热管、导热索、散热器、加热器和温度控制器等组成。在空间热环境下，要使空间光学遥感器能正常工作，需采用主动式或被动式热控措施，以保持系统工作所需的温度范围和温度梯度。根据高精度、高分辨率光学遥感器研制的经验，光学系统的热控精度要优于 $\pm 1\ ^\circ\text{C}$，对温度梯度的要求也很高。对于红外探测器，一般需要工作在低温环境中，通常工作温度为 $60 \sim 150\ \text{K}$。

4）控制和信息处理器。现代空间光学遥感器的整个工作过程通常都在微处理器的控制下完成。由微处理器控制图像数据采集、存储处理或编码以及控制各伺服系统，如调焦、定标、曝光量调整、像移补偿等，同时还要监视各个部件的工作状态，一旦相机出现故障，将转入各备份通道工作或自动切断相机工作电源，并将故障信息通过遥测系统传向地面控制中心，以采取对策。

1.1.3　分类

空间光学遥感器可以按不同的方法进行分类。目前，在轨的光学遥感器为传输型遥感器，本节主要对光学传输型遥感器进行分类。

根据遥感机理不同，可以分为主动式光学遥感器和被动式光学遥感器。主动式光学遥感器需要向感兴趣的目标发射电磁辐射（电磁波），并接收从目标返回的电磁辐射。激光雷达为典型的主动式光学遥感器。被动式光学遥感器不向目标发射电磁辐射，通常是探测目标反射的太阳辐射或目标自身发射的电磁辐射，如对地观测相机。按照成像与否，空间光学遥感器可以分为成像型遥感器和非成像型遥感器。目前，多数遥感器为成像型，主要包括全色相机、多光谱相机以及成像光谱仪等。非成像型遥感器主要包括光谱仪，高度计以及探测大气温度、湿度和成分分布的探测仪等。按照观测频率或波长范围，空间光学遥感器可分为紫外遥感器、可见光遥感器和红外遥感器。

1.2　空间光学系统及发展概况

空间光学系统一般由光学元件和结构/机构组成，由结构/机构将光学元件按要求组装在一起，主要功能是收集来自目标的电磁辐射能量，并将其聚焦在探测器上。光学系统是空间光学遥感器的核心，它决定了空间光学遥感器的核心指标，如：工作谱段、视场角、分辨率等，空间光学系统在很大程度上决定了整个遥感器方案的优劣。

光学系统从构型上可以分为折射式光学系统、折反射式光学系统和全反射式光学系统；按照光学零件的曲率中心是否在同一光轴上，可以分为同轴光学系统和离轴光学系统。目前，空间光学遥感器常用的光学系统为反射式光学系统，其中三反同轴光学系统（TMA）应用最为广泛[4,5]。

随着空间光学遥感器分辨率和成像视场等技术要求的不断提升，空间光学系统的形式不断推陈出新，从最初的折射式光学系统发展到折反射式光学系统以及全反射式光学系统[6]。

最初的胶片型相机以及早期的传输型遥感器一般采用折射式光学系统，该系统可以在可见光谱段内实现较高的成像质量，光学系统焦距达到几百毫米，光学系统长度一般超过焦距长度。

20 世纪 80 年代，空间光学遥感器进入传输型时代，要求光学系统的分辨率提高，谱段覆盖可见光和短波红外，折射式光学系统已经很难满足要求，因此发展出以施密特系统为代表的折反射式光学系统，该光学系统采用轻量化反射镜技术减轻系统重量，提高稳定性，光学系统长度与焦距长度接近，可以采用反射镜折叠光路缩小相机的体积。

法国在 1986 年到 2002 年期间先后发射了 5 颗 SPOT 卫星，该系列卫星为用户提供了连续、高质量的地球遥感图像，在世界卫星遥感市场上占据了近 40% 的市场份额。早期的SPOT1、2 和 3 卫星上搭载的高分辨率可见光相机（HRV 相机）具有一个全色和三个多光谱谱段，全色谱段的分辨率为 10 m，多光谱谱段的分辨率为 20 m，光学系统为施密特结构形式，如图 1-1 所示。其光学设计是在反射镜前后各放置一个无光焦度像差校正透镜组，通过两组校正镜实现全视场、全光谱范围的像差校正。其光学系统参数：系统焦距为 1 200 mm；相对孔径为 1：3.5；视场为 9°，在全视场 50 lp/mm 下，调制传递函数MTF 达到衍射极限[7,8]。

20 世纪 90 年代中后期，随着光学遥感器分辨率要求的进一步提高，如果采用折反射

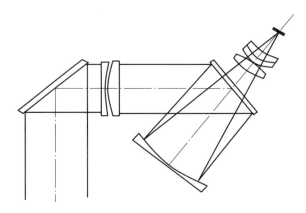

图 1-1　SPOT 卫星 HRV 相机的施密特型光学系统

式光学系统，遥感器的体积和重量无法满足卫星的约束要求，空间光学技术进一步发展，开始采用全反射式光学系统。系统主要光学元件全部采用非球面反射镜，通过各反射镜顶点曲率半径、非球面系数、镜间距等参数优化，可以在较大的视场范围内消除各种光学像差，达到理想的成像质量。由于光路多次反射，整个光学系统的长度远小于焦距长度，相机具有焦距长、体积小的特点，而且谱段范围覆盖更宽，从可见光谱段、近红外谱段一直到热红外谱段。

美国在 1999 年 9 月发射了 Ikonos-2 卫星，能为用户提供地面分辨率 1 m 的全色图像和分辨率 4 m 的多光谱图像。相机的光学系统采用三反同轴光学系统（TMA），焦距 10 m，视场角 1°。作为 SPOT 系列卫星的后续，法国在 2009 年发射了 Pleiades 卫星，卫星上装载了高分辨率相机（HiRI 相机），相机的分辨率为 0.7 m（全色）/2.8 m（多光谱）。相机采用了 Korsch 型三反同轴光学系统（TMA），如图 1-2 所示。光学系统焦距 12.9 m，口径 0.65 m，由于采用三反同轴光学系统对光路进行了折叠，系统的体积大大缩小，相机的尺寸小于 1.594 m×0.98 m×2.235 m。

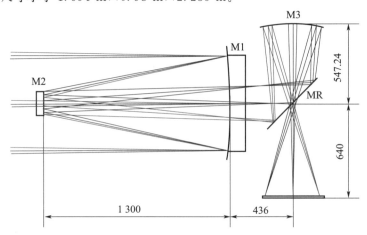

图 1-2　Korsch 型三反同轴光学系统（Pleiades 卫星 HiRI 相机的光学系统）

在发展三反同轴光学系统的同时，美国也在积极发展三反离轴光学系统。三反离轴光学系统由于没有中心遮挡，在理论上调制传递函数 MTF 更高，可以实现大视场，但是体积相对三反同轴光学系统较大。

美国 Quickbird – 2 卫星相机是三反离轴光学系统的典型代表之一。卫星轨道高度 450 km，相机分辨率 0.61 m/2.44 m，成像幅宽16.5 km。Quickbird – 2 卫星相机采用三反离轴光学系统，整个光学系统尺寸为 115 cm×141 cm×195 cm，Quickbird – 2 卫星相机光学系统如图 1 – 3 所示。

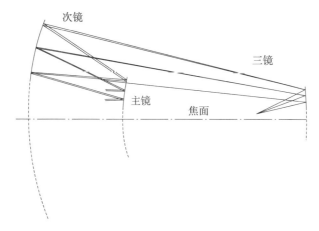

图 1 – 3　三反离轴光学系统（Quickbird – 2 卫星相机的光学系统）

近年来，随着多光谱相机性能要求的不断提高，相机的谱段通道数量不断增加，从单通道光学系统发展到复杂多通道一体化光学系统、多维度光学系统；光谱细分程度不断提高，从多光谱成像光学系统到超光谱成像光学系统。

当前，全谱段、多通道、全反射式光学系统成为空间光学系统发展的主流方向，图 1 – 4所示为一个典型的多通道集成式光学系统，系统分为 3 个通道、12 个谱段，可实现从可见光到热红外谱段（0.45～12.5 μm）成像。主光学系统为二次成像三镜消像散

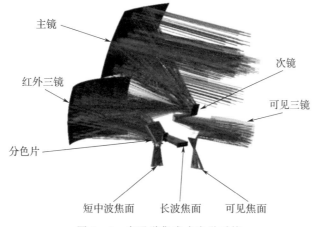

图 1 – 4　多通道集成式光学系统

（RUG - TMA）全反射式结构型式，利用离轴孔径消除次镜带来的中心遮拦。可见光通道与红外通道共用主镜和次镜，在中间像面处放置反射镜，通过分视场的方式实现可见光通道和红外通道的分光，在红外通道出瞳前方加入分色片，实现短中波红外通道和长波红外通道的分光，从而实现可见光、短中波红外和长波红外 3 个通道同时成像，每个通道通过组合滤光片实现谱段的细分，最终实现 12 个谱段成像。

1.3　空间光学系统的特点

光学系统是遥感器的核心部分，与地面应用的光学系统相比，空间光学系统具有以下特点：

（1）高度复合

随着遥感器性能的不断提升，空间光学系统向多通道复合一体化方向发展，包括多谱段复合以及多功能复合。

为了提高载荷的精细化观测能力，高分辨率相机的谱段细分程度越来越高。成像的谱段范围不断扩展，从可见光谱段到红外谱段一直到现在的紫外、可见光、红外谱段复合一体化。以美国的高分辨率光学载荷为例，第一代高分辨率载荷工作在可见光波段，具有 1 个全色谱段和 4 个多光谱谱段，典型代表如：美国的 Quickbird 卫星载荷；第二代的 Worldview - 2 卫星载荷也工作在可见光波段，谱段已经细分为 1 个全色和 8 个多光谱；第三代的 Worldview - 3 卫星工作波段延长到短波红外，具有 1 个全色、8 个可见光和 8 个短波红外共 17 个谱段[9]。

为了提高遥感器的应用效能，可见光和红外复合一体化成为高分辨率遥感器的发展趋势。可见光谱段实现白天高分辨率成像；红外谱段具有较强的穿透烟雾的能力，可以揭露目标的伪装，增强系统夜间观测能力；同时，可见光和红外图像融合，可以提高目标的识别率。近年来，紫外探测技术得到了快速发展，紫外谱段可以观察到其他波段光谱观察不到的物理、生化现象；在日盲紫外波段，因为没有来自太阳光的能量，所以它的工作不受日光的干扰，具有虚警率低、工作可靠等优点。因此，紫外、可见光和红外复合一体化成为发展趋势。多谱段的复合对光学系统提出了更高的要求。首先，光学系统的谱段范围宽，从紫外、可见光至长波红外；其次，紫外、可见光、红外通道的焦距相差较大，光学系统需兼顾各通道的成像质量；另外，谱段细分，对光学系统的分光以及焦面的拼接提出了更高的要求。

多功能复合也成为空间光学系统的发展趋势，典型代表如：对地观测光学系统和激光探测光学系统复合，成像光学系统和光谱探测光学系统复合。2022 年 8 月，我国发射了"陆地生态系统碳监测卫星"，其中，多波束激光雷达的激光接收光学系统和可见光多光谱相机的成像光学系统采用了共孔径光学系统设计。

（2）高成像品质

空间光学系统一般距离观测目标几百千米，为了实现较高的分辨率和成像幅宽，需要大视场、长焦距的光学系统，对光学系统设计提出了很高的要求。空间光学系统追求极致化，要求成像质量接近衍射极限，需要在光学系统设计、加工以及装调各阶段进行量化控制；此外，区别于通用的光学仪器，空间光学遥感器的光学系统一般都是个性化定制，并且受外界各种因素的限制，如：体积、重量和功耗的限制，这些都对光学系统成像质量提出了更高的要求。

为了保证在空间的成像品质，光学系统必须具有很高的稳定性，尤其是热稳定性和力学稳定性。热环境的变化是空间光学系统面临的一个关键问题。空间光学遥感器在不同轨道运行，面临的热环境不同。不同类型的遥感器，要求的工作温度环境不同，对地观测的可见光光学系统一般工作在常温下，而进行天文观测的红外光学系统一般工作在深低温环境下。此外，空间光学遥感器内部还有一些发热设备，如：各种电子设备、探测器、电机等，这些发热设备会对空间光学系统的稳定性产生影响。为了保证光学系统的热稳定性，除了采取热控措施外，还要从光学系统设计、材料选型、结构热补偿等方面保证系统的热稳定性。

空间光学系统在地面重力环境下加工、装调和测试，但是在空间微重力环境下工作，重力环境的变化会影响系统光机结构的稳定性。此外，光学系统还要经历恶劣的发射力学环境，发射会引起结构的振动响应，这种响应可能导致结构变形、失稳等。因此，在光学系统的设计、加工及装调中，必须系统考虑重力环境变化和发射力学环境对系统的影响，保证系统的质量和稳定性。

（3）高轻量化

空间光学系统的体积和重量在很大程度上决定了整个卫星或飞行器的体积和重量，极大地影响卫星研制成本、发射成本以及在轨运行成本，通常要求空间光学系统体积小、重量轻。为了实现系统的轻小型化，需要在光学系统选型、系统优化设计、光学和结构材料选择、光学元件和结构轻量化设计等方面系统考虑，对于高分辨率相机，尤其要重点考虑主反射镜的轻量化。

（4）适应严酷的力学环境和空间环境

空间光学系统需要重点考虑以下力学环境和空间环境对系统性能的影响，并且在设计和实现过程中采取相应的措施。

①发射时的冲击和振动的影响

空间光学系统需要重点考虑发射时加速度、随机振动、低频正弦振动和冲击对系统性能的影响。一般需要采取隔振措施减小冲击、振动对系统的影响，同时通过仿真分析以及地面重力环境试验验证系统的设计。

②空间微重力环境的影响

空间光学系统工作在空间微重力环境下，但是系统的加工、检测和装调都是在重力环境下进行的，为了减小重力环境变化对系统性能的影响，一般应该选择比刚度大的材料并且在地面环境下采取重力卸载措施，尽量通过重力卸载装置消除重力对系统成像性能的影响。

③热变化对成像质量的影响

由于空间热环境变化和遥感器自身热源发热的影响，光学系统始终处于不断变化的温度环境中。这种不断变化的温度环境给光学成像系统成像质量带来了极大的影响，主要体现在光学元件的折射率将发生变化，形成折射率梯度；光学元件因不均匀热膨胀而导致面形变化；由于结构热变形导致光学元件刚体位移即离轴、离焦和相对倾斜等。为了减小热环境变化对系统成像质量的影响，需要在材料选择、系统设计、主动热控等方面综合考虑，采取措施。

④空间辐射环境的影响

卫星运行的轨道空气极其稀薄，高能辐射粒子在高空环境中分布广泛，这种高能辐射粒子会对空间光学遥感器特别是光学系统造成严重威胁。

辐射粒子对光学零件的作用主要有两种，一是辐射诱发光吸收，光吸收作用会减小折射式（或折反射式）系统的透过率，最终导致光学系统透镜变暗、变黑，甚至最后完全失透。二是诱发发光，诱发发光增加了光噪声，降低了系统的信噪比，致使光学系统无法正常工作。因此，空间光学系统必须采取抗辐射加固措施。常用的方法有：在光学系统最前面加装具有防辐射能力的特种玻璃窗口或在系统前加"热门"；使用具有抗辐射性能的玻璃材料；选择一定厚度的金属铝或钛合金做镜筒等。

⑤真空环境及中性大气的影响

遥感器入轨后始终运行在高真空环境下。真空环境会产生真空放电，真空出气，材料蒸发、升华和分解现象。真空出气会造成低温处表面污染，使镜面的反射率降低。空间材料的蒸发、升华会造成材料组分的变化，引起材料质量损失，改变材料原有性能。材料不均匀的升华会引起表面粗糙，使光学表面性能变差，改变材料的性能。此外，有的光学系统还存在机构，在真空环境下，机构的表面间容易出现干摩擦、黏着或冷焊，加速构件的磨损，缩短其工作寿命，甚至使活动部件出现故障，使机构不能正常工作。

氧原子是一种强氧化剂，具有很强的腐蚀作用，遥感器在其中高速运动，相当于将遥感器浸泡于高温的氧原子气体中，其表面将被强烈腐蚀。高速氧原子和表面材料相互作用的物理化学过程是十分复杂的。它和聚合物、碳等作用形成挥发性的氧化物；和银相互作用形成不黏合的氧化物，造成表面被逐渐剥蚀；和铝、硅等材料相互作用形成黏合的氧化物，附着在遥感器表面，将改变系统表面的光学特性，如：吸收系数、发射系数等[10]。

为了保证遥感器的成像质量，需要在遥感器全流程研制阶段进行防污染设计。在设计阶段，需要识别污染防护重要元件并制定全寿命周期防污染方案。在研制阶段，光学元件需要进行真空烘烤、清洗并在洁净间贮存，重要光学元件需要在氮气干燥柜进行贮存。在装配测试阶段，需要在洁净间进行相关操作，重要元件需吹氮防污。在真空试验阶段和在轨阶段，需要进行加热去污。

1.4　空间光学系统研制流程

空间光学系统的实现是一项复杂的系统工程，包括光学系统设计、光学系统制造、光学系统装调和测试以及地面和在轨试验验证等[11]。

光学系统设计是空间相机研制的起点与根基,它一方面要保证设计的产品满足用户和卫星总体的指标要求,另一方面要考虑后续结构设计的构型、体积、重量等的约束,同时还要兼顾现有光学加工、光学装调和检测能力能够满足设计要求。光学系统设计要使尽可能大的视场内成像质量达到或接近理论衍射极限,同时尽可能减少光学元件的数量。结构/机构设计也是空间光学系统设计的关键,需以实现空间光学系统的功能和保证成像质量为核心,并且要权衡和解决系统强度、刚度与重量、包络指标之间的矛盾。此外,还要考虑成本、研制周期、可靠性和工艺可实现性,保证系统最终能够实现。

传统的设计过程一般是串行设计,光学设计者给结构设计者提出性能要求,结构设计者给热控设计者提出要求,这个过程在设计时可能会反复迭代,造成周期长、效率低;并且不同学科在提出性能指标要求时,都会包含不同的安全余量,这样余量的叠加必然会造成系统的过设计。因此,对系统进行光机热集成设计与分析是必要且必须的,这样,可以把影响设计的所有因素都纳入设计中,在满足各种约束条件的基础上寻求最优的解决方案。此外,制造加工、装调检测以及试验验证对于空间光学系统来说,是一个必不可少的过程,通常需要投入非常大的人力和物力。在集成设计阶段,通过虚拟制造、虚拟装调检测以及虚拟试验验证的帮助,可以大大减小在这方面的投入,缩短研制周期,有效保证产品质量。

光、机和热集成分析是优化设计的重要环节。它可以用来模拟系统的机械特性和光学性能,既服务于前端光学设计的光学选型,又为后端制造环节提供指导,最后还可以对在轨的成像质量进行预估。为了实现光、机、热等多专业分析、设计的一体化集成,国内空间相机的研制单位自主开发了空间光学遥感器集成分析设计工程化软件。

光学加工是实现光学系统的关键环节,相比于地面应用的光学元件,空间光学元件的主要特点是轻量化、面形精度要求高并且要能够经受恶劣的发射环境、复杂的热环境和空间辐照环境的影响,在轨长时间保持稳定。对于反射式光学系统,大尺寸非球面反射镜的制造是一个技术难题,主要涉及三个问题:一是镜坯成型和轻量化,二是高精度的加工方法,三是检测方法。另外,大口径反射镜受地面重力影响大,在加工和检验过程中需要消除重力对反射镜面形的影响。

空间光学系统是复杂、精密的光机系统,产品的装调和测试也是保证其性能指标的关键。从产品组成方面,空间光学系统一般由光学元件、光学元件支撑结构、镜头支撑结构、活动机构、其他结构(如消杂光结构等)以及热控组件组成,各部分接口复杂,互相约束。从实现流程方面,产品的装调涉及部组件装配以及系统集成和测试;光学部组件装配需要保证高位置精度和稳定性、微应力以及能经受复杂的力、热环境;系统集成是一个将多种学科技术有机融合的过程,包括机械装配、精密修配、精密装调、光学仿真、力学仿真、光学测试以及可靠性试验等。为了保证成像质量,需要在装调过程中进行多维度的系统测试,包括:系统波前、光学传递函数、能量集中度、内方位元素等。

空间光学系统的测试和评价主要验证系统设计是否满足要求,是对上述各项工作的集中评价，一般包括光学元件的测试和评价、系统的测试和评价以及在轨测试和调整。其中，系统的测试和评价是重点，一般包括特性参数的测试和评价以及系统成像质量的测试和评价。在轨测试和调整主要对光学系统的焦面位置进行调整，以达到最佳的成像质量。此外，还要进行整个成像系统调制传递函数和信噪比的测试。

1.5　空间光学系统发展趋势

空间对地观测、空间态势感知、空间天文以及行星与太阳系探测需求的发展对空间光学系统提出了新的需求，未来空间光学系统的发展呈现以下趋势：1）更大口径，以实现更远距离、更高分辨率的观测；2）更轻、更小，以减轻发射重量，降低发射成本，满足未来空间态势感知和深空探测的需要；3）更高的稳定性和智能化程度，以保证空间光学系统成像质量和成像效率。下面重点介绍几种有代表性的新型空间光学系统。

1.5.1　超大口径空间光学系统

提高空间分辨率和探测灵敏度是空间光学系统永恒的追求，但是受衍射极限的限制，光学成像系统的分辨率与光学系统口径成正比，为了实现更高的分辨率，需要增大光学系统的口径，当光学系统的口径大于 4 m 时，受限于光学系统材料、工艺、制造成本及运载工具，传统的光学系统已经不能满足要求，研究者开始探索新的光学系统形式，以实现更高的分辨率和灵敏度，如：衍射成像光学系统、组合口径光学系统、在轨组装光学系统等。

衍射成像光学系统基于光波衍射理论，以表面具有特殊浮雕微结构的平面光学元件替代传统透镜或反射镜，作为超大口径光学系统主镜，实现聚焦成像。由于可以将衍射成像方式与薄膜材料结合，即在平面薄膜材料上加工微结构，由此为超大口径光学系统的实现带来了希望。但衍射光学系统也面临宽谱段色差校正、高精度薄膜衍射光学元件加工、薄膜衍射光学元件支撑与面形保持等关键技术。2010 年，美国国防部先进研究计划局（DARPA）启动 MOIRE（Membrane Optic Imager Real‑Time Exploitation）计划，如图 1‑5 和 1‑6 所示，开始地球静止轨道衍射成像技术研究。国内相关单位也开展了衍射成像技术的研究，将在空间站上进行原理验证。

组合孔径光学系统成像是指利用两个或多个小口径分块子镜或小口径光学系统按一定规律排成一定形式组合在一起，对目标进行光学成像，通过处理实现与大口径光学系统等效高分辨率的成像技术。组合孔径光学系统可以分为迈克尔逊干涉型和菲索干涉型两种，如图 1‑7、图 1‑8 所示。组合孔径光学系统采用多个小口径光学元件（系统）实现与大口径光学系统等效的高分辨率成像，并且子孔径的数目和布局可以根据应用需要灵活改变，是实现超大口径空间光学系统的重要发展方向。组合孔径光学成像技术面临的难点主要有：子孔径优化设计、高精度拱相位检测和校正、光学综合孔径像复原与图像处理技术等。

图 1-5　MOIRE 概念图

图 1-6　5 m 口径衍射透镜

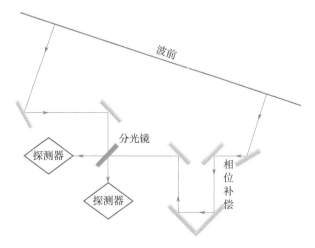

图 1-7　迈克尔逊干涉型组合孔径光学系统

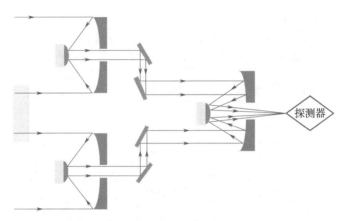

图 1-8　菲索干涉型组合孔径光学系统

　　为突破加工、运载能力的限制并实现空间光学相机的在轨超长服役，模块化制造、在轨组装、在轨维护是实现超大型空间光学装置的重要技术途径。超大型空间光学装置采用模块化设计思想，在几乎不升级现有研制设备的前提下，就可以完成模块的制造；通过一次或多次发射，将光学装置模块送入预定轨道，然后由智能空间机器人或机械臂发现、识别、抓取、搬运、装配并经过在轨调试，达到使用状态。在使用过程中，可以进行模块的维修、更换和升级，以延长光学装置的寿命，提升装置对科学问题的响应和解决能力。该技术为空间技术未来的发展方向之一，需要解决系统模块化设计、基于机械臂和空间机器人的精细操作、空间系统性能测试等系列问题。美国国家航空航天局（NASA）是最早开展空间光学系统"在轨组装"技术研究的机构，美国戈达德航天飞行中心、波音公司、诺斯罗普·格鲁门公司等都开展了相关技术的研究。波音公司于 2004 年提出可在轨装配的 10 m 口径"自主装配空间望远镜"（Autonomously Assembled Space Telescope，AAST），如图 1-9 所示，望远镜分为多个组件，以便于装入运载火箭，并在空间环境下利用机器人完成装配。诺斯罗普·格鲁门公司于 2006 年开始空间光学载荷在轨组装的概念研究，2014 年提出"可进化空间望远镜"方案（Evolvable Space Telescope，EST），如图 1-10 所示，该项目秉承"分批发射、在轨装配、逐步扩展"的思路，计划分三个阶段逐步实现 4 m、12 m 和 20 m 口径空间望远镜的在轨组装与拓展。

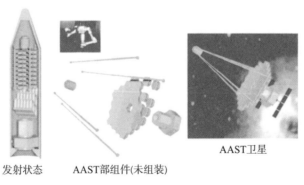

发射状态　　　　AAST部组件(未组装)　　　　AAST卫星

图 1-9　波音公司 AAST 在轨组装望远镜概念设计

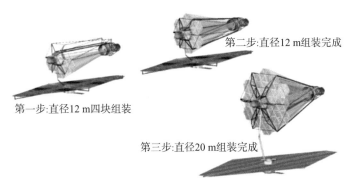

第二步:直径12 m组装完成

第一步:直径12 m四块组装

第三步:直径20 m组装完成

图 1-10　诺斯罗普·格鲁门公司"可进化空间望远镜"方案

1.5.2　计算成像及计算光学系统

目前,国际上对计算成像技术还没有统一的定义,2005 年麻省理工专题讨论会上给出的定义是:计算成像技术结合了大量的计算、数字传感器、现代光学、探测器等来摆脱传统相机的限制,并且创造新颖的图像应用。可以说,计算成像技术是随着信息处理技术、微纳加工技术、人工智能技术以及高速计算能力的飞速发展而诞生的,是光电成像技术的一次革新。广义上讲,凡是在成像过程中引入计算的光学成像方法都可认为是计算成像,利用计算机强大的处理能力辅助或直接参与成像过程以达到提高成像效果的目的。计算技术体现在成像技术的全链条(见图 1-11)中,包括计算目标、计算介质、计算光电系统以及计算处理四个方面[12]。

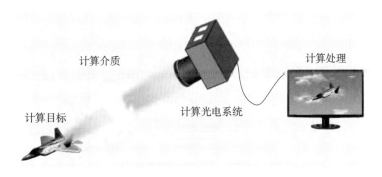

计算介质

计算处理

计算目标

计算光电系统

图 1-11　计算成像链路示意图

计算光学是计算成像技术的一个重要研究内容,计算光学通过对传统相机镜头、快门以及光圈等部件的结构以及工作过程进行改进来提升相机的性能。传统相机的工作过程可以看作是对场景的一个持续编码,而这个编码过程的编码器是一个固定的编码器,在编码过程中会损失相当一部分的频域信息。计算光学可以看作是一种对上述编码过程的改造技术,通过对镜头、快门以及光圈等部件的改造,提高编码器的带宽,从而使相机能够记录更多频域上的信息,进而提高相机的性能,如:扩大动态范围、图像清晰化、扩展景深等。

基于计算光学的理念，近年来，学者们提出了极简光学系统。极简光学系统综合考虑整个成像链路，基于全局优化思想达到简化光学系统结构、降低成本的目的，更好地推动光学系统工程化应用。国内相关高校在该方面进行了有益探索。极简光学系统为光电成像设备的小型化、轻量化、便携化提供了强有力的技术支撑[13]。

1.5.3　仿生光学系统

随着空间光学遥感技术的发展，传统光学系统难以满足一些新的应用需求，如高灵敏度动目标跟踪、大视场高分辨率探测等，需要寻找新的技术途径，开发新型成像系统。仿生光学，一门古老而又带着新生活力的交叉学科，它通过对自然界筛选出的各种生物的光学能力进行研究，将生物眼睛的特点应用于光学成像中，从而创造崭新的光学系统形式。光学仿生最初从鱼眼镜头的光学设计开始，模仿鱼眼的大视场成像，进而形成了鱼眼镜头设计的一整套理论。近年来，研究的热点主要有：复眼光学系统、龙虾眼 X 射线聚焦光学系统、仿狗眼探测系统等[13]。

复眼是由很多结构和功能相同的小眼集合而成，每个小眼截面呈多边形，其中每一个小眼都是独立并行的单眼视觉系统。单个复眼的小眼个数从几十到几万个不等，小眼的数目越多，视场就越大，对运动物体的分辨能力就越强。根据其组成结构和光学特性，复眼可分为四种类型，分别是并列型复眼、折射重叠型复眼、反射重叠型复眼和神经重叠型复眼。目前，并列型复眼与重叠型复眼为学者们研究的重点，其结构示意图如图 1 - 12 所示。

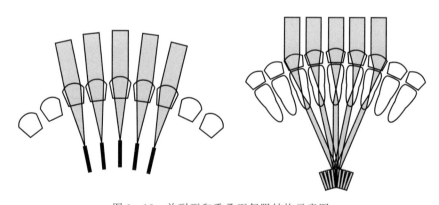

图 1 - 12　并列型和重叠型复眼结构示意图

并列型复眼的每个小眼在光学上可看作为一个最基本的独立视觉功能单元。小眼接收到的光线与小眼的视场逐一对应，利用这种复眼光学系统可以解决单孔径系统大视场和高分辨率之间的矛盾，可以同时实现高分辨率和大视场。重叠型复眼的每个小眼都有自己的屈光系统和感觉细胞，都能向大脑传送信号，大脑据此快速识别图像和发现目标。这些小眼的视力很差，但是它们所组成的复眼却有很高的分辨率，而且还是极为灵敏的速度计。苍蝇的一只复眼由 4 000 多只小眼组成，能够轻而易举地观察每秒闪烁 60 次的荧光灯。仿照复眼技术，学者们研究提出了十亿像素相机和光场相机。近些年，计算机神经网络技术取得了突破式的进展，以此为基础，仿生复眼光学系统在信息处理速度上得到大幅度的提高，使其在空间预警、检测、监视及某些特殊的智能装备研发领域发挥了重要作用。

龙虾眼 X 射线聚焦光学系统采用仿生龙虾眼透镜代替传统的透镜，如图 1-13 所示，龙虾眼透镜仿照龙虾眼的结构，由许多矩形的微通道管组成，微通道管内壁均镀有平面反射材料，一束光线入射到龙虾眼透镜，在微通道管内发生反射，最后聚焦在探测器上。它对高能射线具有较高的收集效率，是研究天文物理学、宇宙学的重要工具。2015 年，NASA 在其大视场 X 射线成像系统中使用了龙虾眼结构。2020 年 7 月 25 日，我国首颗应用了龙虾眼 X 射线聚焦技术的卫星"龙虾眼 X 射线探测卫星"发射入轨，该卫星将在轨持续进行空间 X 射线探测试验。

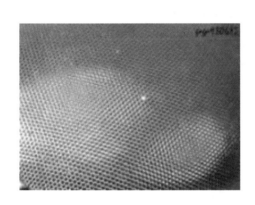
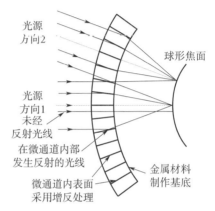

图 1-13　龙虾眼光学系统

此外，学者们还研究了仿生蛾眼减反射微纳结构以及仿生虾蛄眼等。视觉仿生通过模仿生物视觉机制来实现和改善成像系统的功能，对我们探索具有特殊应用的新型成像技术、获取遥感器设计灵感具有重要的参考价值。

1.5.4　微纳光学系统

深空探测和空间态势感知对光学载荷的体积、重量和功耗提出了更高的要求。微纳光学载荷成为研究热点，系统优化设计及创新光学系统的提出，光学元件和探测器的发展以及材料、制造工艺的进步都促进了微纳光学载荷的发展。

在系统设计方面，光机集成优化设计以及创新系统的提出都使系统的重量和体积大大减小，如：2012 年，洛克希德·马丁公司提出一种分块式平面光电探测成像系统（Segmented Planar Imaging Detector for Electro-optical Reconnaissance，SPIDER），如图 1-14 所示，即"蛛网式"光电探测成像系统[14]。该系统是光子集成、计算机数据处理、综合孔径等技术交叉应用的新型成像系统，是集成光学干涉成像技术的典型实例。该技术基于干涉成像原理，它使用数千个小透镜阵列收集光，利用光子集成技术将透镜阵列和光波导阵列集成在基底上，即将数千个干涉望远镜阵列微缩在一个芯片上。集成光学干涉成像技术将光学透镜、处理系统和读出电路集中在一个芯片上，可以将传统望远镜的尺寸、重量和功耗减小为原来的 $1/100 \sim 1/10$ 倍。

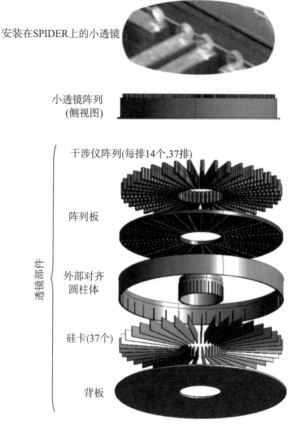

安装在SPIDER上的小透镜

小透镜阵列
(侧视图)

干涉仪阵列(每排14个,37排)

阵列板

透镜部件

外部对齐
圆柱体

硅卡(37个)

背板

图 1 - 14　SPIDER 概念图

　　光学元件的不断发展也使光学系统的体积和重量得到了大幅减小。传统的光学元件基于光波的折射和反射原理,对入射光进行调制,从而实现工作光波前的聚焦、成像、分色等光学功能。传统光学元件的尺寸通常为工作波长的几百倍甚至上千倍,所以体积庞大、重量大、功能单一,一般采用机械的铣、磨、抛光等方式加工,工艺复杂,成本较高。在 20 世纪 80 年代中期,美国麻省理工学院(MIT)林肯实验室的坎普(Veldkamp)领导的研究组率先提出了"二元光学"的概念,随后二元光学不仅作为一门技术,而且作为一门学科迅速地受到工业界和学术界的青睐。进入 90 年代,随着微细加工技术的发展以及为了得到高衍射效率的二元光学元件,其浮雕结构从两个台阶发展到多个台阶,直至近似连续分布。目前,二元光学瞄准了多层或三维集成微光学,在成像和复杂的光互联中进行光束变换和控制。多层微光学能够将光的变换、探测和处理集成一体,构成一种多功能的集成化光电处理器。近 20 年来,光学超表面成为光学研究的前沿,光学超表面是通过亚波长的微结构来调控电磁波的偏振、相位、振幅、频率等特性,是一种结合了光学和纳米技术的新型技术。超表面的二维电磁调控能力使其摆脱了传统光学和电磁器件对材料厚度和面形的依赖,为器件的微型化、集成化开辟了全新的技术途径[15]。2011 年,哈佛大学的科学家 Federico Capasso 研究团队首次开创了一个全新超构表面方向，并在 2014 年首先发表了关于超构透镜的研究。2018 年，Capasso 研究团队开发出了首个针对可见光谱段的聚焦透镜[16]。2022 年 6 月，意法半导体公司和美国 Metalenz 公司合作，推出了采用光学超表面器件的直接飞行时间传感器，国内的迈塔兰斯公司也推出了红外成像超透镜[17]。总之，光学技术、结构技术以及信息处理技术等的不断发展，推动了空间光学系统的不断创新，也将推动空间相机向更高分辨率、更轻、成本更低以及智能化方向发展。

参 考 文 献

［１］ 陆震 . 美国空间态势感知能力的过去和现状［J］. 兵器装备工程学报，2016，37（1）：1-8.

［２］ 杨照金，等 . 空间光学仪器设备及其校准检测技术［M］. 北京：中国计量出版社，2009.

［３］ 陈世平，杨秉新，王怀义，等 . 空间相机设计与试验［M］. 北京：中国宇航出版社，2003.

［４］ 安连生 . 应用光学［M］. 3 版 . 北京：北京理工大学出版社，2002.

［５］ 郁道银，谈恒英 . 工程光学［M］. 北京：机械工业出版社，1999.

［６］ 王小勇 . 空间光学技术发展［J］. 航天返回与遥感，2018，39（4）：79-86.

［７］ 朱仁章，等 . 全球高分光学星概述（二）：欧洲［J］. 航天器工程，2016，25（1）：95-118.

［８］ 冯钟葵，等 . 法国遥感卫星的发展：从 SPOT 到 Pleiades［J］. 遥感信息，2007（4）：87-92.

［９］ 韩昌元 . 近代高分辨地球成像商业卫星［J］. 中国光学与应用光学，2010，3（3）：201-208.

［10］ 杨晓宇，杨勇 . 航天器空间环境工程［M］. 北京：北京理工大学出版社，2019.

［11］ 潘君骅 . 高科技时代的光学需求［J］. 江苏科技信息，2005（2）：1-4.

［12］ 刘飞，吴晓琴，段景博，等 . 浅谈计算成像在光电探测中的应用［J］. 光子学报，2021，50（10）：57-94.

［13］ 付跃刚，欧阳名钊，胡源 . 仿生光学技术与应用［M］. 北京：科学出版社，2020.

［14］ DUNCAN A，KENDRICK R，THURMAN S，et al. SPIDER：Next Generation Chip Scale Imaging Sensor［C］// Advanced Maui Optical and Space Surveillance Technologies Conference. Advanced Maui Optical and Space Surveillance Technologies Conference，2015.

［15］ 黄新朝 . 超表面研究进展［J］. 航空兵器，2016（1）：28-34.

［16］ MOHAMMADREZA K，et al. Metalenses at visible wavelengths：Diffraction-limited focusing and subwavelength resolution imaging［J］. Science，2016，352（6290）：1190-1194.

［17］ WEI T C，et al. A broadband achromatic metalens for focusing and imaging in the visible［J］. Nature Nanotechnology，2018，13（3）：220-226.

第 2 章　典型空间成像光学系统设计

2.1　概述

空间光学系统是卫星上的有效载荷——空间相机的重要组成部分。光学系统设计是空间相机研制链路的起点与根基，它一方面要保证设计的产品满足在轨使用要求，另一方面要满足产品的体积、重量、布局等卫星平台的约束，还要兼顾现有光学加工、光学装调和检测能力。因此，光学系统设计在空间相机设计中属于顶层设计。

卫星的用户通常希望在特定的轨道高度，获得高成像质量的图像，同时相机具有更高的地面像元分辨率、更精细的光谱分辨率以及更短的时间分辨率。

优良成像质量和高地面像元分辨率意味着采用更长焦距的光学系统以及在更高的空间频率时光学系统像质接近衍射极限。但由于航天发射成本高，卫星平台可以提供的空间和重量都有严格的限制，因此空间光学系统设计是在空间尺寸和重量约束条件下，追求轻小型并要求像质达到或接近衍射极限的设计。如图 2-1 所示为光学系统传递函数曲线，光学系统传递函数设计值达到衍射极限。由于光学系统的孔径是有限的，所以系统具有截止频率，通常用 $1/\lambda F$ 计算，即光学系统传递函数为 0 时的空间频率为波长 λ 与光学系统 F 数乘积的倒数。

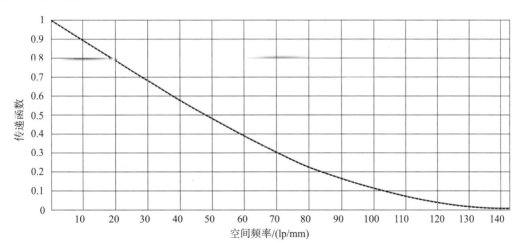

图 2-1　光学系统传递函数曲线

更精细的光谱分辨率要求光学系统在宽谱段范围内及更精细的谱段分层内均具有良好的成像质量，因此光学系统应具有尽量大的相对孔径和高透过率，同时在这些分层的谱段间还需要进行匹配性设计，满足多光谱图像的匹配要求。

更短的时间分辨率意味着更大的成像幅宽，缩短卫星对同一地区的重访周期，对光学系统来说就是具有更大的视场角。

卫星的轨道高度、地面像元分辨率、成像幅宽以及工作的光谱范围等指标确定后，对于空间相机而言，首先要选取合适的探测器，探测器的参数和类型决定了光学系统的焦距、相对孔径、焦面是否拼接等。轨道高度 H、地面像元分辨率 GSD、焦距 f' 及探测器像元尺寸 p 之间的关系如式（2-1）所示：

$$\frac{H}{GSD}=\frac{f'}{p} \tag{2-1}$$

探测器像元尺寸 p 越小，光学系统焦距越短，体积会越小，光学系统奈奎斯特频率（$1/2p$）会越高，相对孔径一定的条件下，意味着传递函数会降低，留给制造的公差余量也越小。如果要保持光学系统高奈奎斯特频率下的传递函数不下降，就需要减小相对孔径，这时设计难度会增大，体积可能又会有所增大。因此，对光学系统而言，焦距、相对孔径、探测器像元尺寸、体积重量等是相互关联、相互制约的。

另外，俄罗斯院士沃洛索夫（Д. С. ВОЛОСОВ）曾提出一个经验公式，反映了焦距 f'、相对孔径 D 以及视场角 ω' 这三个光学系统特性参数之间的关系，其式为

$$C_m=\frac{D}{f'}\tan\omega' \tag{2-2}$$

其中，$C_m=0.22\sim0.26$，称为镜头的质量因子，实际计算时取 0.24。当 $C_m<0.24$ 时，光学系统的像差校正不会发生困难。当 $C_m>0.24$ 时，光学系统的像差很难校正，成像质量很差。随着高折射率光学材料的出现、光学设计方法的改善、光学元件制造水平的提高以及光学装调工艺的改善，C_m 值在逐渐提高[1]。

此外，空间光学系统在设计时还需考虑空间相机特有的对空间环境的适应性，如均衡温度变化和温度梯度对光学系统的影响、真空条件下焦面位置的变化、大口径反射镜重力引起的面形变化对光学系统像质的影响、光学系统的消热设计、光学系统耐辐照设计、杂散辐射的影响等。

空间光学系统的设计需要与加工、检测、装调以及结构布局等反复优化迭代，既要满足各种指标要求，还要具备工程可行性，如光学材料可获得；光学元件可加工、可检测；给结构提出的稳定性公差要求可实现等。如图 2-2 所示光学系统，由窗口、11 片透镜和棱镜组成，根据光学加工工艺水平和结构支撑需要，对光学系统进行设计迭代。图 2-2（a）为光学系统初步设计结果，图 2-2（b）为优化迭代后设计结果，增大透镜1、透镜10 和透镜11 的中心厚度，保证光学加工和结构支撑所需的边缘厚度；减小透镜3、透镜4 的中心厚度，降低材料成本，提高透过率。

综上所述，空间成像光学系统的设计是在满足特性参数和成像性能指标约束、体积重量约束、空间环境约束、光学加工和检测水平约束、光学装调工艺约束、光学材料约束等限制条件下，追求轻小型、低成本的设计。

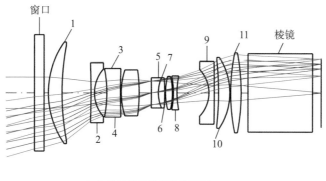

(a) 初步设计的光学系统光路图

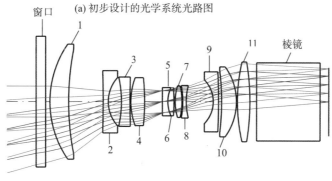

(b) 迭代后光学系统光路图

图 2-2　初步设计的光学系统光路图和迭代后光学系统光路图

2.2　空间光学系统类型

　　空间光学系统常见类型包括折射式、折反射式和全反射式。每一类光学系统均有多种型式。随着空间探测需求的不断发展，还出现了多通道集成型光学系统。光学系统选型直接关系到光学系统的成像质量，与相机性能、质量、研制进度等密切相关，因此，光学系统选型是非常重要的工作，正确的光学系统型式通常是设计成功的关键。

　　光学系统选型的主要依据是光学系统技术指标要求，几乎每一项指标都对结构型式有影响。影响光学系统型式的主要指标是焦距、视场、F 数、谱段等。光学系统在能够满足总体对光学系统指标要求的前提下，尽量选取光学元件数量少、结构简单、体积小、重量轻的型式；优先选择工程可行性好的系统型式，有利于缩短研制周期和降低成本。如果系统有分光、焦面拼接等需求，还要考虑是否需要采用像方远心光路型式，并且后截距要留有足够的空间。对于多通道的复杂光学系统，需依据指标要求采用多种系统型式组合设计。对于一些由不同型式都能实现的光学系统指标要求，需要对几种不同型式的方案进行详细的设计比较，优选其一作为最终方案。

2.2.1　折射式

折射式光学系统一般由多组透镜组成，光学系统型式众多，适用于短焦距、大视场、小 F 数光学系统。折射式系统相对全反射式系统和折反射式系统，体积较小，常见型式有：复杂双高斯型式、广角物镜型式、像方远心光路型式、鲁沙型式等，如图 2-3～图 2-6 所示。折射式光学系统选型时需考虑的因素如下：

1）要求各个视场像面照度均匀分布的或者需要多光谱配准的成像光学系统，宜采用像方远心光路系统型式。

2）要求严格消除畸变的光学系统，宜采用对称式或近似对称的光学系统型式。

3）既要求严格消除畸变又要求尽可能改善边缘像面照度的广角光学系统，应采用鲁沙式的广角系统。

4）要求筒长小于焦距的光学系统，宜选用远距型系统。

5）对于需要进行冷光栏匹配的红外光学系统，选择二次成像系统型式，即光学系统要有实出瞳，并且使出瞳位置和大小与探测器的冷光栏一致，如图 2-7 所示。

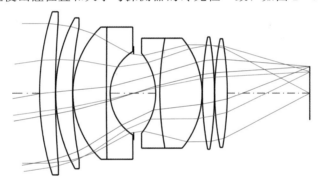

图 2-3　复杂双高斯型式

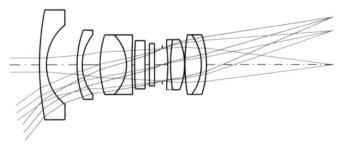

图 2-4　广角物镜型式

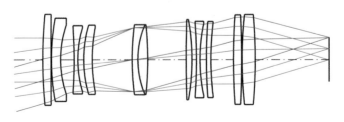

图 2-5　像方远心光路型式

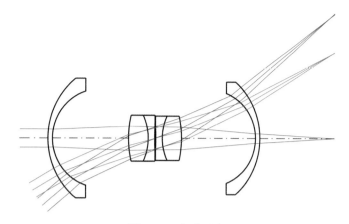

图 2-6　鲁沙型式

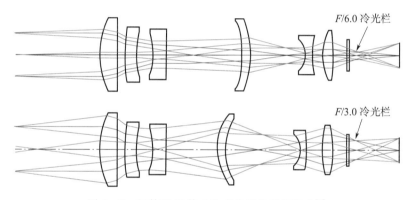

图 2-7　红外双 F 数二次成像光学系统型式[2]

折射式光学系统的优点：

1）光学系统型式多样。

2）能够实现大视场。

折射式光学系统的缺点：

1）光学元件口径受限于光学材料，大口径、高均匀性的光学材料难以获得。

2）宽光谱光学系统二级光谱校正困难。

3）对环境温度和气压的变化相对敏感。

4）元件较多时，加工公差和装调公差相对严格。

5）光学系统消热设计较难，光学材料和结构材料需进行热匹配设计，有时还需要增加温度热补偿调整环节。

折射式光学系统在空间相机中应用广泛，目前仍然是主流光学系统类型之一。典型应用有：嫦娥四号监视相机，火星 WIFI 分离拍摄探头，环境一号 A 星、B 星宽覆盖多光谱可见光相机，高分一号多光谱宽幅相机，资源一号 CCD 相机，海洋一号 A 星、B 星海岸带成像仪等。图 2-8～图 2-10 为其中部分相机拍摄的图片。

图 2 - 8　火星 WIFI 分离拍摄探头拍摄的"着巡合影"

图 2 - 9　环境一号 B 星宽覆盖多光谱可见光相机拍摄的江西吉安火灾监测图

图 2 - 10　高分一号多光谱宽幅相机融合影像图

2.2.2　折反射式

折反射式系统通常由反射镜和透镜组成，适用于视场角不大于 5° 的中长焦距光学系统，通过各种改进设计，视场角有可能进一步增大。常见型式有：施密特型式、马克苏托夫型式、两反加校正镜组型式，如图 2-11～图 2-13 所示，图 2-14 为改进型施密特型式。

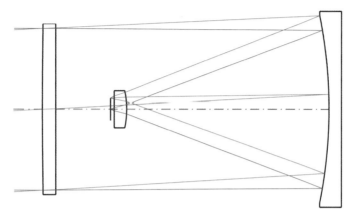

图 2-11　施密特型式

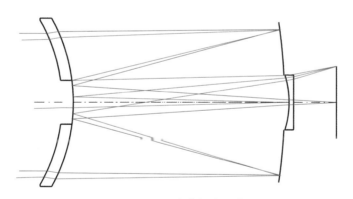

图 2-12　马克苏托夫型式

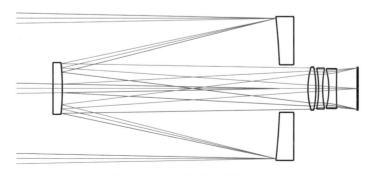

图 2-13　两反加校正镜组型式

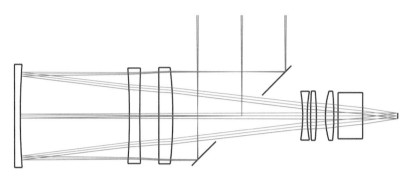

图 2-14　改进型施密特型式

折反射式光学系统的优点：

1）结构上比折射式系统简单，通常由单反射镜或双反射镜和透镜校正组构成。

2）色差、二级光谱小。

3）系统尺寸相对较小。

折反射式光学系统的缺点：

1）有中心遮拦，会降低系统传递函数设计值。

2）采取杂散光抑制措施后，可能会进一步降低光学系统传递函数。

3）系统相对孔径较大时，焦面位置布局较难。

折反射系统典型应用有：资源一号04星全色多光谱相机等，图2-15为资源一号04星全色多光谱相机拍摄的图像。

图 2-15　资源一号04星全色多光谱相机融合影像图（赤峰）

2.2.3　全反射式

全反射式光学系统由反射镜构成，系统不会产生色差，各谱段成像共焦面，尤其适用于采用多色探测器的多光谱光学系统。常用的全反射式空间光学系统通常包括：两反系统、三反系统以及多反系统等。

（1）两反系统的结构型式

两反系统通常由两个反射镜组成，通常将入射光线到达的第一个反射镜称为主镜，另一反射镜称为次镜。孔径光栏通常位于主镜。两反系统视场角小，结构型式相对简单，体积较小。

两反系统通常分为同轴两反系统和离轴两反系统。由于同轴两反系统主镜存在中心孔，所以杂散光抑制是此类系统需要特别注意的问题。同轴两反系统一般与校正镜配合使用，可以很好地校正轴外像差，在一定程度上增大了有效视场范围，是空间相机中常用的光学系统型式之一。

两反系统根据消像差情况可以构造出多种结构型式[3]，与空间相机相关的主要有以下几种型式：

①牛顿系统

牛顿系统次镜为平面镜，成像质量较好，但视场有限，体积较大，常用作检测空间光学系统的中短焦距的平行光管，如图 2-16 所示。

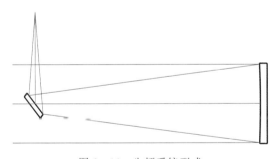

图 2-16　牛顿系统型式

②离轴两反系统

为了扩大视场，提高像质，避免中心遮拦，将次镜避开入射光线，形成离轴两反系统，如图 2-17 所示。此类系统也常被用作检测空间光学系统的平行光管。

③无焦系统

如图 2-18 所示是一个离轴两反无焦系统，它可以用作激光扩束系统或者需要压缩光路的前置系统。

（2）同轴三反光学系统的结构型式

同轴三反光学系统是空间光学系统中常用的光学系统型式之一，通常指系统由物理同轴的三个带有曲率的反射镜组成，适用于视场角 3°左右、要求结构紧凑的长焦距系统。随着焦距增长，可使用的视场角会减小。

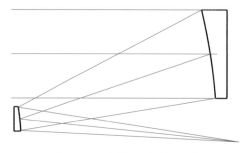

图 2 - 17　离轴两反系统型式

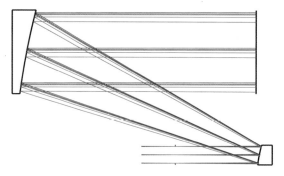

图 2 - 18　离轴两反无焦系统型式

　　同轴三反光学系统是具有中间实像的二次成像系统，光学加工和装调公差要求相对严格。为了减小系统体积，常加入平面折转镜折转光路。由于系统存在中心遮拦，使光学系统传递函数下降，视场角越大，遮拦越大，传递函数下降越严重。另外，主次镜之间的镜间距变化对光学系统的后截距和焦距影响比较大，因此，此类光学系统在空间上应用时，尤其要考虑温度适应性以及光学元件和结构材料的热匹配性。

　　同轴三反光学系统根据一次像面位置的不同以及后截距的长短不同，可以有多种结构布局，图 2 - 19～图 2 - 26 所示为部分国内外已发射型号的遥感器相机的光学系统型式和部分相机在轨拍摄的图像。

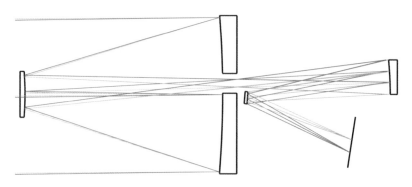

图 2 - 19　高分一号高分辨率相机光学系统型式

图 2-20　高分一号高分辨率相机火焰山成像图

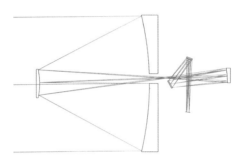

图 2-21　Geoeye-1 相机光学系统型式

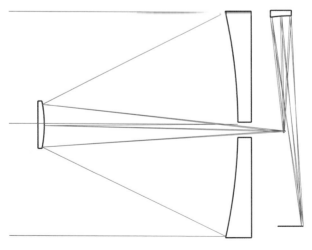

图 2-22　高分二号、高景一号高分辨率相机光学系统型式

(a)滇池国际会展中心成像图　　　　　(b)迪拜国际机场成像图

图 2-23　高景一号高分辨率相机成像图

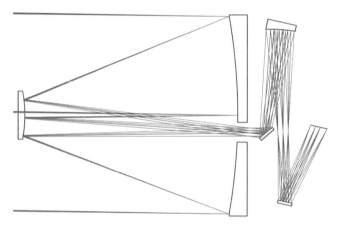

图 2-24　Ikonos-2 相机光学系统型式

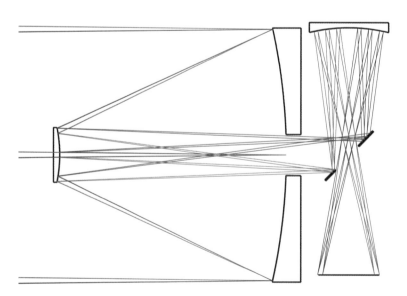

图 2-25　Pleiades-HiRI 相机光学系统型式

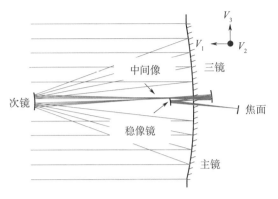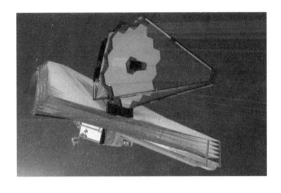

图 2 - 26　James Webb 望远镜光学系统型式

（3）离轴三反光学系统的结构型式

离轴三反系统没有中心遮拦，同种指标条件下像质比同轴三反系统好，但体积通常比同轴三反系统大。离轴三反系统可实现的视场角比同轴三反系统大，因此在大幅宽的空间相机中得到广泛应用。

离轴三反系统可以分为有中间像型式和无中间像型式，如图 2 - 27 和图 2 - 28 所示。有中间像的离轴三反系统的视场角比无中间像的系统视场角小，比同轴三反系统视场角略大，光学系统特性与同轴三反系统近似，镜间距变化对后截距和焦距影响比较敏感。这种系统型式的孔径光栏通常放在主镜或者根据使用需要放在主镜之前，三镜的尺寸会比较大。

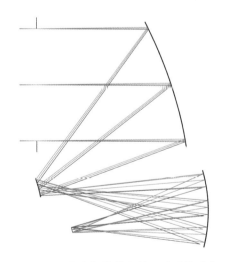

图 2 - 27　有中间像的离轴三反系统型式

无中间像的离轴三反系统孔径光栏通常放在次镜，这种型式的系统视场角可以做到几十度，但受限于系统 F 数和垂直线阵方向视场角。在视场角不是很大的情况下可以很好地消除畸变，而且属于像方准远心光路系统。镜间距变化对系统的后截距和焦距的影响不敏感，温度适应性强，光学加工和装调公差相对宽松，因此无中间像的离轴系统除了适用于

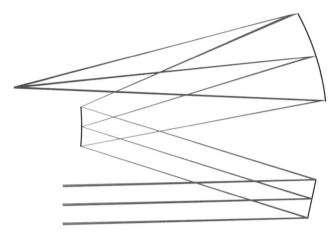

图 2 - 28　无中间像的离轴三反系统型式

大幅宽的空间相机，也适用于空间测绘相机。

　　离轴三反系统在空间相机中的典型应用：资源三号卫星多光谱相机、浦江一号相机、资源一号 02D/02E 可见近红外相机图像（见图 2 - 29）、高分七号双线列相机（见图 2 - 30、图 2 - 31）、资源一号 04A 宽幅全色多光谱相机等。

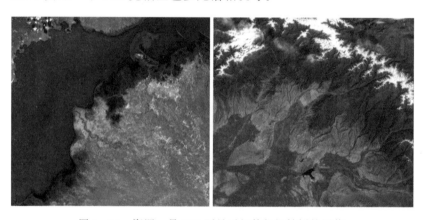

图 2 - 29　资源一号 02D 可见近红外相机拍摄的图像

　　全反射式光学系统的优点：

　　1）光学系统无色差，适用于宽谱段及多光谱光学系统。

　　2）大口径反射镜镜体可轻量化。

　　3）无气压离焦。

　　全反射式光学系统的缺点：

　　1）大口径反射镜面形对力学环境变化敏感。

　　2）大口径反射镜的加工和面形检测相对复杂。

　　全反射式光学系统因其特有的优势，在空间相机中得到广泛应用。随着空间探测需求的发展，全反射式光学系统向着多谱段、复杂化、集成化等方向发展，从三反系统发展到

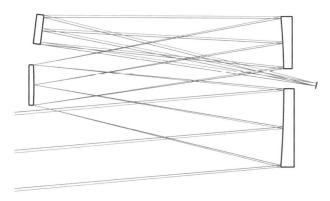

图 2 - 30　高分七号双线列相机光学系统型式

(a)北京大兴国际机场

(b)北京首都国际机场

图 2 - 31　高分七号双线列相机拍摄的图像（真彩色融合正射影像）

四反或多反系统。随着光学加工和检测技术的发展，反射镜的面形也变得多样化，由二次非球面发展到高次非球面，甚至有些系统已经采用了自由曲面。

（4）多通道集成光学系统的结构型式

在空间相机的应用中，多通道集成光学系统通常是由于对光谱的不同谱段的分辨率和幅宽有不同的需求，不同谱段对应的探测器也不同，因此，单通道光学系统无法满足任务需求，同时为了简化系统，通常使多个谱段对应的不同通道共用部分光学元件。多通道集成型式的光学系统通常由上面三种光学系统型式中的任意组合构成，通过分视场或者通过分色片，形成多通道集成光学系统。

如图 2 - 32 所示高分四号相机光学系统为双通道光学系统，可见光近红外谱段与中波红外谱段共用双反射镜主光学系统，通过分色片分光，反射通道为可见光近红外谱段；透射通道为中波红外谱段，中波红外谱段通过切换镜实现主备份光路的切换，拍摄的图像如图 2 - 33 所示。

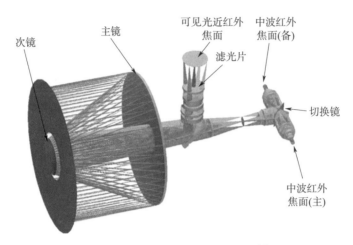

图 2-32   高分四号相机光学系统[4]

次镜 　主镜 　可见光近红外焦面 　中波红外焦面(备) 　滤光片 　切换镜 　中波红外焦面(主)

图 2-33   高分四号相机拍摄的图像（珠穆朗玛影像）

如图 2-34、图 2-35 为分孔径的中波/长波红外双波段"画中画"光学系统及其成像图，中波红外（MWIR）和长波红外（LWIR）辐射分别从两个孔径入射，中波进入窄视场的离轴四反光学系统后经中波/长波分束镜（MW/LW beam splitter）与宽视场的长波辐射合束，共同进入折射式红外光学系统成像，同时获得宽视场的长波红外图像和窄视场的中波红外图像，长波红外宽视场（LWIR WFOV，10.0°×13.2°）用于态势感知和搜索目标，中波红外窄视场（MWIR NFOV，1.8°×2.4°）用于识别和分辨目标。

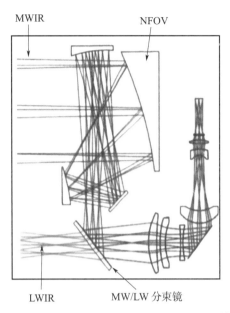

图 2 - 34　红外双波段"画中画"光学系统[5]

图 2 - 35　红外双波段"画中画"光学系统成像图[5]

2.3　典型光学系统设计方法

光学系统在设计中通常遵循以下步骤：

1）指标可行性分析：根据光学系统的技术指标要求和边界约束条件，对技术指标的可行性进行分析，充分理解各个技术指标的具体内涵。

2）光学系统选型：选择适合技术指标要求和边界条件要求的光学系统型式。

3）确定初始结构参数：优先从光学系统数据库中挑选合适的结构参数作为初始结构参数，即优化系统的起点。如果数据库中没有这种类型的光学系统，则用像差理论求解光学系统初始结构参数。

　　4）光学系统优化设计：根据给定光学特性参数及其边界条件，对初始结构设置优化约束条件和变量。对光学系统进行优化，使系统达到误差函数的局域最小值，按照光学系统技术要求里指定的判据，评估系统是否满足各项技术指标和边界约束条件。如果通过系统优化，达不到设计要求，可以将光学系统复杂化，或者寻找新的结构型式。重复步骤3）～5），直到达到所期望的性能。对于有消热设计要求的系统，需要考虑光学材料的热特性以及光学材料与结构材料的热匹配。

　　5）公差灵敏度分析：对光学系统进行公差（灵敏度）分析和性能预估，确定光学加工和装调的公差（灵敏度）。在设计过程中应监控公差敏感度，如果公差过严，则可以在设计早期采取措施，选择一个敏感度较低的设计型式。

　　6）工程化设计：结合结构设计布局、杂散光分析、光学加工和光学装调的实际需求，对光学系统进行局部参数优化，保证工程可实施性。

　　7）光学系统评价：对设计结果进行评价，包括对温度环境适应性等。

　　8）确定光学系统真空焦面位置。

　　9）调焦分析：对于需要采用光学元件进行调焦的系统，通过分析光学元件的调焦灵敏度及对像质的影响，确定调焦方案并给出调焦范围。

　　10）编写设计报告：完成光学系统设计报告的编写，给出结论性意见。

　　设计步骤流程图如图2-36所示。

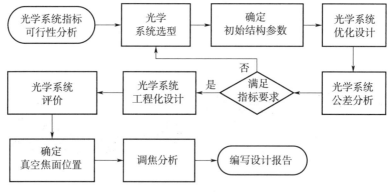

图 2-36　设计步骤流程图

2.3.1　折射式系统的设计

　　折射式光学系统在短焦距的空间相机中应用广泛，环境一号A星、B星宽覆盖多光谱可见光相机光学系统是典型的折射式光学系统，如图2-37所示。下面以此光学系统为例，阐述折射式光学系统设计方法。

　　光学系统有四个谱段：$0.43 \sim 0.52~\mu m$、$0.52 \sim 0.60~\mu m$、$0.63 \sim 0.69~\mu m$、$0.76 \sim 0.90~\mu m$；谱段间的配准精度（实际像高差）优于1/3像元；要求奈奎斯特频率处光学系统传函接近衍射极限。

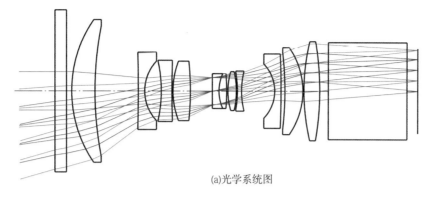

(a)光学系统图

(b)光学系统立体图

图 2 - 37　折射式光学系统

1) 光学系统的选型。光学系统设计既有系统传函和配准要求，又有体积和重量要求。光学系统采用了折射式单镜头加棱镜分光的像方远心光路型式，各视场出射的主光线平行于光轴，各个谱段像面位置误差不影响配准精度。

2) 光学系统的优化设计。选定光学系统的初始结构型式后，需要根据初始条件及各种边界限制条件对初始结构进行优化设计，这些约束包括焦距、系统长度、口径、特定的空气间隔、光线的入射角度等。在优化设计过程中，除了要满足指标要求外，还要考虑工程的可实施性，尽量降低光学加工和装调的难度。

3) 光学材料的选择。由于光学系统需要宽谱段超复消色差，因此光学材料中包含高折射率低色散的材料，需要考虑玻璃材料的透过率、密度、热膨胀系数、化学稳定性等。尤其需要关注高折射率光学材料在波长 $0.4~\mu m$ 附近的透过率，有的材料在此波长的透过率偏低，如：NSF57 _ SCHOTT 在波长 $0.4~\mu m$ 处 10 mm 厚度的透过率为 0.733。另外，材料的化学稳定性需要额外关注，如果属于易腐蚀的材料，在光学加工中需要注意保护。如果材料的密度比较大，会导致光学元件的重量增加，在光学加工和装调过程中面形都不易保证，需要必要的结构设计和工艺手段保证面形公差。另外，对光学材料的折射率均匀性提出了较高要求。

4）分光棱镜的设计。光学系统需要对四个谱段同时成像，分光棱镜在满足四个谱段的分光和成像要求前提下，光路要尽量短，尺寸尽量小；各谱段展开的等效平行平板玻璃厚度相等；分色面的光线入射角要尽量小，避免二相色面产生偏振。对四个谱段的布局影响到焦面位置，还关系到焦面电路的空间位置。考虑到这种种因素后，分光棱镜设计为七块不规则棱镜组成。

5）温度离焦自补偿设计。环境一号卫星属于小卫星，有效载荷的体积、重量受到严格限制，为减轻重量，相机没有调焦机构，因此，光学系统还进行了温度离焦自补偿设计。通过光学材料间的热特性参数的互补性以及结构材料与光学材料之间的相互补偿来减少温度变化的影响，即用镜筒、法兰接口与光学玻璃材料的热特性进行匹配设计。

2.3.2 折反射系统的设计

2.3.2.1 两反系统的设计

两反加校正镜的折反射系统是空间相机中常用的光学系统型式之一。折反射系统结构型式相对简单，体积较小，两反系统与校正镜配合使用，可以很好地校正轴外像差，在一定程度上增大了有效视场范围。透镜组镜片数量通常为 2～4 片。为了适应空间环境，第一片透镜通常采用具有耐辐照性能的光学材料。

（1）系统参数的定义[2]

两反系统的主镜和次镜通常都是二次非球面，其表达式可写为

$$y^2 = 2\mathring{R}x - (1 - e^2)x^2 \tag{2-3}$$

式中，x 表示非球面的旋转对称轴，y 表示入射光线在非球面上的高度，坐标原点在曲线的顶点。e^2 为二次曲面系数，R 为顶点曲率半径。设定光学系统对无穷远成像且孔径光栏位于主镜。角标 1 代表主镜，角标 2 代表次镜。两反系统结构参数示意图如图 2 - 38 所示。

定义 α 和 β 如下：

$$\alpha = \frac{l_2}{f_1'} = \frac{2l_2}{\mathring{R}_1} \tag{2-4}$$

$$\beta = \frac{l_2'}{l_2} \tag{2-5}$$

利用高斯光学公式可以导出：

$$\mathring{R}_2 = \frac{\alpha\beta}{1+\beta}\mathring{R}_1 \tag{2-6}$$

$$d = f_1'(1-\alpha) \tag{2-7}$$

$$l_2 = \frac{-f_1' + \Delta}{\beta - 1} \tag{2-8}$$

（2）设计步骤

1）计算两反系统初始解。

以 R - C 系统为例，两反系统初始解的设计步骤[2]如下：

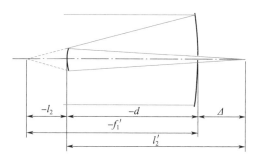

图 2 - 38　两反系统结构参数示意图

a）根据空间相机总体指标，确定光学系统的焦距和相对孔径。

b）选择主镜的相对孔径。

由于光学系统的入瞳在主镜，因此主镜的口径已经确定，主要是选择主镜的焦距，即确定相对孔径。主镜的相对孔径越大，筒长越短，对减小相机尺寸越有利，但加工难度增加，加工难度和相对孔径的立方成正比。所以主镜的相对孔径要综合上述几个方面考虑。通常大口径的望远镜主镜相对孔径为 1/2 甚至更大。相对孔径确定后，主镜的焦距 f_1' 即可确定。

c）确定焦点的伸出量 Δ。

根据实际系统的使用要求，初步确定 Δ。Δ 值影响 α 和 β，从而和主镜的相对孔径也有关。当 Δ 值较大，而 β 值维持在不太大时，则必须增大 α 值，从而使中心遮拦增大。如果不想增大中心遮拦，只能增大主镜的相对孔径，或者允许增大 β 值。

d）确定 β 值。

β 等于系统焦距与主镜焦距之比。在 R - C 系统中，β 是负值。

e）确定 α 值。

β 和 Δ 确定后，次镜的位置也就定了，如式（2 - 8）。

f）计算次镜的顶点曲率半径 $\overset{\circ}{R}_2$ 及两反间距 d，如式（2 - 6）、式（2 - 7）。主镜的顶点曲率半径 $\overset{\circ}{R}_1$ 由主镜的焦距决定，即

$$\overset{\circ}{R}_1 = 2f_1' \tag{2-9}$$

g）计算主镜及次镜的二次曲面系数 e_1^2 和 e_2^2。因为 R - C 系统要求消球差和彗差，所以三级像差系数 $S_I = S_{II} = 0$，用以下公式即可算出 e_1^2 和 e_2^2[2]。

$$e_1^2 = 1 + \frac{2\alpha}{(1-\alpha)\beta^2} \tag{2-10}$$

$$e_2^2 = \frac{\dfrac{2\beta}{1-\alpha} + (1+\beta)(1-\beta)^2}{(1+\beta)^3} \tag{2-11}$$

2）优化设计。将上述用高斯光学和三级像差理论解出的初始结构代入光学设计软件，对系统进行优化设计，必要时加入近似无光焦度的透镜组，直至得到满足指标要求的光学系统。

3）系统评价。根据指标要求，对光学系统的像质和其他约束条件进行符合度评价。

（3）设计实例

由于两镜系统的视场角通常不大，为了增大视场，在空间相机实际使用过程中，通常会在像面前增加透镜校正组以达到校正轴外像差的目的。

①系统性能参数

焦距：2 200 mm。

F 数：10。

视场角：2.0°×0.3°。

谱段：0.45～0.85 μm。

②设计过程

1）按照上节设计步骤解出两镜系统的初始结构参数。

假定 $\Delta =60$，取主镜焦比为 1∶2，则主镜焦距为 -440，顶点曲率半径为 -880。

$$\beta =2\ 200/-440=-5$$

$$l_2=\frac{-f_1'+\Delta}{\beta -1}=\frac{440+60}{-5-1}=-83.33$$

$$\alpha =\frac{l_2}{f_1'}=\frac{-83.33}{-440}=0.189$$

$$d=f_1'(1-\alpha)=-356.67$$

$$e_1^2=1.018\ 692\ ,e_2^2=2.442\ 757$$

现在 $\alpha =0.189$，中心遮拦比较大，镜间距比较长。考虑到改善的可能性，将主镜焦比提高到 1∶1.2，即主镜焦距取 -264，按照同样过程可以求出：

$$\alpha =0.131,\beta =-8.33$$

$$d=-229.29$$

$$\overset{\circ}{R}_1=-528,\overset{\circ}{R}_2=-78.9$$

$$e_1^2=1.004\ 360,e_2^2=1.668\ 495$$

2）将上述参数代入光学设计软件，作为光学系统的初始结构参数。由于光学系统视场角较大，为了提高轴外视场的像质，可以在像面前合适位置加入透镜组。

3）优化光学系统。根据像质优化需求，加入了四个透镜，使优化后的传递函数设计值接近衍射极限，相对畸变小于 0.5%。考虑到光学系统在空间的应用，第一片透镜选用耐辐照光学材料。

③设计结果

经过优化后，得到光学系统主要结构参数如下：

$$d=-269.95$$

$$\overset{\circ}{R}_1=-679.6,\overset{\circ}{R}_2=-169.41$$

$$e_1^2=1.0575,e_2^2=2.550$$

光学系统及其传递函数曲线、相对畸变网格如图 2-39～图 2-41 所示。

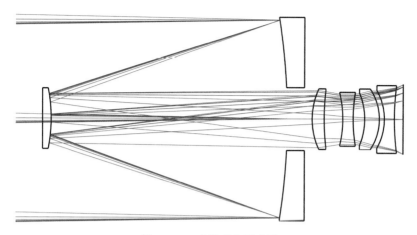

图 2-39　光学系统示意图

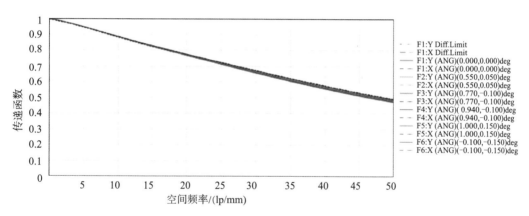

图 2-40　光学系统传递函数曲线

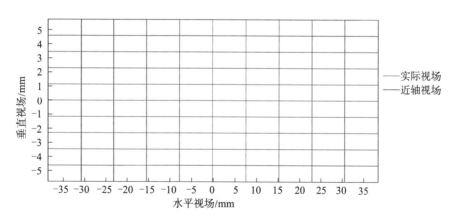

图 2-41　光学系统相对畸变网格

2.3.2.2　同轴三反系统的设计

(1) 系统参数的定义

各参数定义如下[2]：

1) 物体位于无穷远，即 $l_1 = \infty$，$u_1 = 0$。

2) 孔径光栏位于主镜。

主镜、次镜、三镜的顶点曲率半径分别为 $\mathring{R}_1$、$\mathring{R}_2$、$\mathring{R}_3$；二次曲面系数分别为 e_1^2、e_2^2、e_3^2；引入参数如下：

次镜对主镜的遮拦比：$\alpha_1 = \dfrac{l_2}{f_1'} \approx \dfrac{h_2}{h_1}$。

三镜对次镜的遮拦比：$\alpha_2 = \dfrac{l_3}{l_2'} \approx \dfrac{h_3}{h_2}$。

次镜的放大率：$\beta_1 = \dfrac{l_2'}{l_2}$。

三镜的放大率：$\beta_2 = \dfrac{l_3'}{l_3}$。

为了把不同光学特性参数的系统统一到一个简单的模型中，如图 2 - 42 所示，令 $h_1 = 1$，光学系统焦距 $f' = 1$；主次镜间距为 d_1，次三镜间距为 d_2，归一化条件下，利用高斯光学公式可以导出：

$$\mathring{R}_1 = \frac{2}{\beta_1 \beta_2}, \mathring{R}_2 = \frac{2\alpha_1}{\beta_2(1+\beta_1)}, \mathring{R}_3 = \frac{2\alpha_1 \alpha_2}{1+\beta_2}$$

$$d_1 = \frac{\mathring{R}_1}{2}(1-\alpha_1) = \frac{1-\alpha_1}{\beta_1 \beta_2}$$

$$d_2 = \frac{\mathring{R}_1}{2}\alpha_1 \beta_1(1-\alpha_2) = \frac{\alpha_1(1-\alpha_2)}{\beta_2}$$

$$l_3' = \alpha_1 \alpha_2$$

α_1、α_2、β_1、β_2 是与轮廓尺寸有关的变量，如果只要求系统消除球差、彗差和像散，则轮廓尺寸可以自由安排；若同时要求像面是平场的，则四个变量中只有三个是自由的。此时，三个顶点曲率半径满足如下关系：

$$\frac{1}{\mathring{R}_1} - \frac{1}{\mathring{R}_2} + \frac{1}{\mathring{R}_3} = 0$$

从轮廓尺寸系数计算相关结构参数的公式为

$$\mathring{R}_1 = \frac{2}{\beta_1 \beta_2}f', \mathring{R}_2 = \frac{2\alpha_1}{\beta_2(1+\beta_1)}f', \mathring{R}_3 = \frac{2\alpha_1 \alpha_2}{1+\beta_2}f'$$

$$d_1 = \frac{1-\alpha_1}{\beta_1 \beta_2}f', d_2 = \frac{\alpha_1(1-\alpha_2)}{\beta_2}f'$$

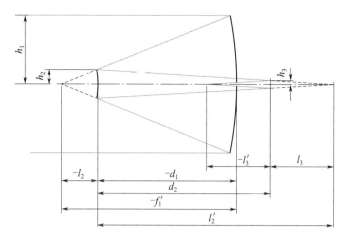

图 2 - 42　同轴三反光学系统参数示意图[2]

（2）设计步骤

1）根据空间相机总体指标，确定光学系统的焦距和相对孔径。

2）选择光学系统型式。

根据相机总体对结构尺寸的要求，选取合适的光学系统型式。如果轴向尺寸限制严格，可在一次像面附近加入平面镜折转光路，如图 2 - 43 所示为同轴三反光学系统型式。

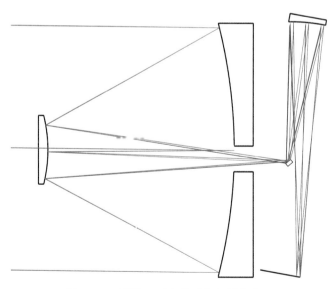

图 2 - 43　同轴三反光学系统实例光路图

3）初步解出合理的轮廓尺寸。

根据上节的定义可知，α_1、α_2、β_1、β_2 是与轮廓尺寸有关的变量。通过编制简单的程序，可以不断调整试算不同的 α_1、α_2、β_1、β_2 数值，解出合适的顶点曲率半径 R_1、R_2、R_3 和镜间距 d_1、d_2，使解出的系统结构合理，便于实现。

4）通过光学设计软件，解出非球面系数 e_1^2、e_2^2、e_3^2。

将顶点曲率半径和镜间距代入光学设计软件，将三个反射镜的非球面系数设置为变量，在保证光学系统焦距的同时，通过校正球差、彗差、像散和场曲，即可得到非球面系数值。

5）详细优化光学系统。

根据光学系统的指标要求，设置优化边界条件，详细优化光学系统，使之满足像质及轮廓尺寸等全部要求。

6）优化光学系统结构布局。

根据相机整体结构，在成像质量不下降的前提下，微量调整反射镜参数和位置，优化光学系统结构布局。

（3）设计实例

①光学系统性能参数

焦距：1 140 mm。

F 数：8。

视场角：3°。

谱段：0.40 ～0.90 μm。

②设计过程

1）光学系统选型。

为了减小轴向尺寸，选取图 2 - 43 所示 Korsch 型同轴三反光学系统型式。

2）求解系统的初始结构参数。

结构构型主要考虑以下几个方面因素：三镜放在两镜合成焦点之后，α_2 取负值，β_2 取正值[2]。为了减小平面折转镜的尺寸，使之位于一次像面附近；一次像面位于主镜背后，同时考虑到留出主镜厚度；为减小径向尺寸，三镜和焦面位置尽量不超出主镜口径外边缘；像面平像场。通过试算，得到：

$$\alpha_1 = 0.26, \alpha_2 = -0.4, \beta_1 = 3.8, \beta_2 = 2$$

轮廓尺寸系数乘以系统焦距，得到镜间距和顶点曲率半径：

$$d_1 \approx -111, d_2 \approx 208$$

$$\mathring{R}_1 = -300, \mathring{R}_2 = -61.75, \mathring{R}_3 = -77$$

3）将顶点曲率半径和镜间距代入光学设计软件，将三个反射镜的非球面系数设置为变量，在保证光学系统焦距的同时，根据光学系统的指标要求，设置优化边界条件，详细优化光学系统，使之满足像质及轮廓尺寸等全部要求。

4）优化后的光学系统结构参数和像质。

优化后的光学系统结构参数如下：

$$d_1 = -111.3, d_2 = 225.3$$

$$\mathring{R}_1 = -284.2, \mathring{R}_2 = -78.66, \mathring{R}_3 = -107.2$$

$$e_1^2 = 0.973, e_2^2 = 2.181\ 9, e_3^2 = 0.534\ 6$$

优化后的光学系统传递函数曲线如图 2-44 所示，设计传递函数接近衍射极限。

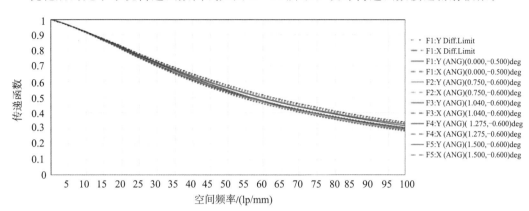

图 2-44　光学系统传递函数

2.3.2.3　离轴三反系统的设计

（1）设计步骤

离轴三反光学系统的初始结构和同轴三反一样，可以利用同轴三反的求解公式，解出初始结构，然后将同轴系统转换为离轴系统。具体设计步骤如下。

1）根据空间相机总体指标，确定光学系统的焦距和相对孔径。

2）选择光学系统型式。

根据相机视场角以及性能要求，选取离轴光学系统型式。如果视场角不大，或者要与红外探测器冷屏匹配，一般选取有中间像的系统型式。对于视场角比较大的系统，选取无中间像的型式，这时如果仍有与红外探测器冷屏匹配的需求，可以在一次像面后加中继系统实现。

3）初步解出合理的轮廓尺寸。

根据定义可知，α_1、α_2、β_1、β_2 是与轮廓尺寸有关的变量。如图 2-27、图 2-28 所示，三个反射镜的顶点曲率半径都是负值，d_1 都是负值，d_2 都是正值，l_3' 都是负值。对于无中间像系统，如图 2-28 所示，α_1、α_2、β_1、β_2 都是正值；有中间像系统，如图 2-27 所示，α_1、β_2 是正值，α_2、β_1 是负值[2]。通过编制简单的程序，可以不断调整试算不同的 α_1、α_2、β_1、β_2 数值，解出合适的顶点曲率半径 R_1、R_2、R_3 和镜间距 d_1、d_2，使解出的系统结构合理，便于工程实现。对于图 2-27 系统，当 $\alpha_1 = 0.14$，$\alpha_2 = -1.9$ 时，$|d_1|$ 和 d_2 几乎相等；对于图 2-28 系统，α_1 在 0.394 左右，α_2 在 1.17 左右，d_1 取 0.442 左右，有比较合理的解[2]。

4）将同轴系统转换为离轴系统。

将顶点曲率半径和镜间距代入光学设计软件，对于有中间像的型式，可以把孔径光栏沿垂直于光轴的方向移动，直到次镜不再受到遮挡。对于无中间像的型式，可用偏视场或者使反射镜倾斜的方式避开次镜遮拦，从而得到离轴系统。

5）通过光学设计软件，解出非球面系数 e_1^2、e_2^2、e_3^2。

将三个反射镜的非球面系数设置为变量，在保证光学系统焦距的同时，通过校正球差、彗差、像散和场曲，即可得到非球面系数值。

6）详细优化光学系统。

根据光学系统的指标要求，设置优化边界条件，详细优化光学系统，使之满足像质及轮廓尺寸等全部要求。

7）优化光学系统结构布局。

根据相机整体结构，在成像质量不下降的前提下，调整反射镜参数和位置，优化光学系统结构布局。

（2）设计实例

①光学系统性能参数

焦距：800 mm。

F 数：10。

视场角：$13° \times 1.4°$。

谱段：$0.45 \sim 0.85\ \mu m$。

②设计结果

由于视场角比较大，选择无中间像系统型式，光学系统图如图 2-45 所示，传递函数曲线如图 2-46 所示，传递函数接近衍射极限。光学系统孔径光栏位于主镜。主要结构参数如下：

$$d_1 = -327, d_2 = 327$$

$$\mathring{R}_1 = -1\ 353, \mathring{R}_2 = -491, \mathring{R}_3 = -769$$

$$e_1^2 = 2.282\ 5, e_2^2 = 1.013, e_3^2 = 0.027\ 8$$

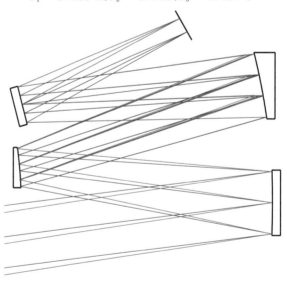

图 2-45　离轴三反光学系统设计实例

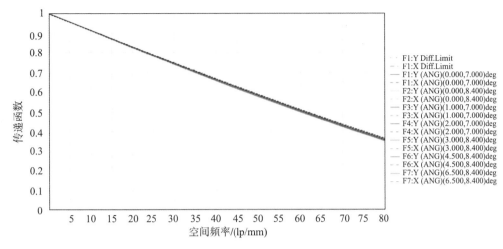

图 2-46　离轴三反光学系统设计实例传递函数曲线

其他指标的光学系统可以以此系统作为初始结构，通过光学设计软件的优化功能得到符合要求的设计结果。

当离轴三反光学系统后截距比较长时，可以利用平面折转镜把系统焦面放置到比较合理的位置，更有利于空间相机的整体布局。

2.3.2.4　应用实例

应用实例 1：资源三号多光谱相机光学系统

资源三号多光谱相机在轨道高度 506 km，实现星下点地面像元分辨率 5.8 m，覆盖宽度 51 km。多光谱相机在测绘模式及资源模式下工作，生成蓝、绿、红、近红外 4 个谱段影像，能够提供假彩色及真彩色影像产品，并可与资源三号三线阵的正视相机图像进行融合，生成 2.1 m 分辨率的彩色正视影像产品。资源三号多光谱相机采用孔径光栏位于次镜的离轴二反光学系统，如图 2-47 所示，实现了接近衍射极限的系统传递函数和低畸变的成像品质。光学系统的主要性能指标参数见表 2-1。

表 2-1　光学系统的主要性能指标参数

指标	数值
焦距	1 750 mm
相对孔径	1/9
穿轨视场角	6°
沿轨视场角	0.3°

应用实例 2：OLI 离轴四反射式光学系统

Landsat-8 陆地成像仪（OLI）是一种推扫成像的遥感器，可以提供地面高分辨率图像信息，探测谱段从可见光、近红外到短波红外，包括 1 个全色、8 个多光谱共 9 个谱段，其中全色分辨率为 15 m，多光谱分辨率为 30 m，地面幅宽为 185 km，16 天可以将整个地球覆盖一遍，设计使用寿命为 5 年。OLI 采用结构紧凑的离轴四反射式光学系统，如图

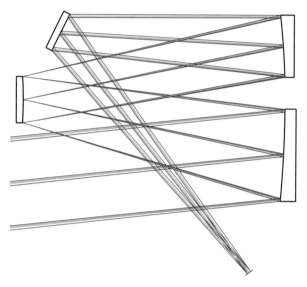

图 2-47 资源三号多光谱相机光学系统

2-48 所示。OLI 光学系统的主要性能指标参数见表 2-2。入瞳在主镜前，减小了作为主要在轨定标源的全孔径、全视场太阳漫反射板尺寸。

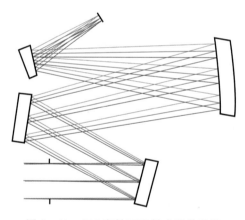

图 2-48 OLI 离轴四反射式光学系统

表 2-2 OLI 光学系统的主要性能指标参数

指标	数值
焦距	886 mm
相对孔径	1/6.5
穿轨视场角	15.4°
沿轨视场角	1.64°

参 考 文 献

［1］ 萧泽新．工程光学设计 ［M］．2 版．北京：电子工业出版社，2008．

［2］ JAY N VIZGAITIS．Dual f/number optics for 3rd generation FLIR systems ［C］//Proceedings of SPIE，2005，5783：875－886．

［3］ 潘君骅．光学非球面的设计、加工和检测 ［M］．苏州：苏州大学出版社，2004．

［4］ 石栋梁，等．"高分四号" 卫星相机杂散光分析与抑制技术研究 ［J］．航天返回与遥感，2016，37 （5）：49－57．

［5］ JAY N VIZGAITIS，ARTHUR HASTINGS JR．Dual band infrared picture－in－picture systems ［J］．Optical Engineering，2013，52 （6）：061306．

第 3 章　空间光机系统设计

3.1　概述

空间光机系统设计的主要任务，就是根据光学设计输入以及总体其他设计要求，完成光机系统构型以及包含光学元件在内的各种零件及部组件的设计，并验证产品的功能性能满足空间环境以及总体指标要求。空间成像光学系统一般以追求成像质量达到衍射极限为目标，特别是对于高精度的光学系统而言，这就要求空间光机系统设计引入的变形特别小，甚至要控制在纳米量级。此外，光机系统还要满足发射、空间环境、系统的寿命以及整流罩对系统体积和重量约束的要求。这些因素互相制约，特别是体积、重量和刚度、面形变化量之间存在矛盾性的要求。空间光机系统的设计就是在材料、构型、设计方法选择的基础上，使得这些矛盾因素达到最佳的均衡，以满足光学系统和总体提出的指标要求。空间光机系统的设计具有如下特点：

1）与空间光学系统形式对应，空间光机系统也存在多种形式，如筒式、板壳式、桁架式等，随着光学系统形式的创新、主动光学以及其他新的成像体制、新的材料制备和设计方法的引入，空间光机系统的形式也日趋复杂和多样。

2）空间光机系统除了满足功能和精度指标要求外，还要重点关注系统的轻量化和稳定性，尤其是发射力学环境下和空间环境下系统指标的稳定性。

3）空间机构的应用越来越多，如调焦机构、指向机构、主动调整机构等，需要特别关注机构性能、对空间环境的适应性以及寿命要求等。

针对空间光机系统的特点，在光机系统设计中需要重点关注以下几个方面：

1）系统设计以实现空间光学系统的功能和保证成像质量为核心，所有结构和机构的设计都要围绕这个核心展开，保证机械系统引入的光学像差最小。

2）强度、刚度与重量、包络指标之间的矛盾是光机系统设计过程中的主要矛盾。此外，还要考虑成本、研制周期、可靠性和工艺可实现性。因此，设计过程中不仅要考虑输入的指标需求，还要兼顾整个设计、加工和测试流程，保证系统最终能够实现。

3）材料选择是空间光机结构设计的重要内容之一，选择高比刚度、高比强度的材料有助于实现结构高轻量化、高刚度的指标要求。

4）设计中需要进行光机热多学科的集成设计，以此保证系统的成像质量，提高设计效率。

本章围绕空间光学系统的光机结构设计进行介绍。首先介绍了空间光机系统常用的材料，然后介绍了光学元件及其支撑结构的设计以及光机主体结构设计，最后简要介绍了光机系统集成仿真和空间光机系统试验验证,以期读者对空间光机系统设计有一个全面系统的了解。

3.2　光机系统常用材料

3.2.1　折射式光学系统常用材料

折射式光学系统常用的材料主要包括光学玻璃、结构材料和黏接剂材料。其中最为核心的是光学玻璃类材料,用以透过光线。结构材料起支撑作用,黏接剂用于光学玻璃和结构材料之间的连接。下面介绍这三种材料的情况。

首先是光学玻璃,它是由硅（Si）、磷（P）、硼（B）、铅（Pb）、钾（K）、钠（Na）、钡（Ba）、砷（As）、铝（Al）等元素的氧化物按照一定比例在高温时形成盐溶液,经过冷却得到的一种过冷的无定型熔融体。大多数光学玻璃是以 SiO_2 为主的硅酸盐玻璃,其次还有以 B_2O_3 为主的硼酸盐玻璃和以 P_2O_5 为主的磷酸盐玻璃。通常使用的光学玻璃都要添加一些添加剂,以改善光学玻璃的性能[1]。

光学玻璃的种类非常多,应用较多的为无色光学玻璃。无色光学玻璃主要用来制造透镜、反射镜、棱镜等光学零件,涵盖可见光、近红外或部分短波红外等波段。为了保证光学遥感器的质量,光学玻璃的性能与质量有严格的质量规范,如光学均匀性、气泡、双折射、光谱透过特性以及其他的光学性能指标等。无色光学玻璃的这些性能、质量要求在国家标准中有各种等级的规定,可以满足不同等级空间光学系统的质量要求。

无色光学玻璃的主要成分是二氧化硅,通过掺杂不同的元素而使其光学性能发生变化。它可分为两大类,即冕牌玻璃 K 及火石玻璃 F,介乎二者之间的类别为冕火石玻璃 KF,一般归为火石类。冕牌玻璃的阿贝数通常大于 50,而火石玻璃小于 50。到目前为止,国产光学玻璃共有 150 多种。

目前参考文献中给出的光学玻璃主要光学性能如下:

1) 通过的波段:波长 0.35～2.7 μm。

2) 折射率范围:1.45～1.90。

3) 阿贝数范围:25～70。

4) 相对部分色散 p:冕牌玻璃 $p \approx 0.45～0.17$;火石玻璃 $p \approx 0.57～0.15$。

5) 折射率温度增长率 β:β 多数为正值,国产光学玻璃中只有 QK1、QK3 等牌号的玻璃 β 为负值,可利用它与其他玻璃匹配来减少光学系统的热变化。

6) 均衡温度变化条件下的热光学常数 γ 为

$$\gamma = \frac{\beta}{n-1} - \alpha$$

7) 径向温度梯度条件下的热光学常数 P 为

$$P = \frac{\beta}{n-1} + \alpha$$

光学系统的无热化设计只能解决均衡温度变化或者径向温度梯度一种情况,不能同时解决。

根据国家标准，我国无色光学玻璃按照以下 8 项质量标准进行分类和分级。光学系统设计时需要根据系统的成像质量要求，参考相应的分类和分级标准进行玻璃材料的选择。

（1）折射率、色散系数与标准数值的允许差值

从光学设计角度考虑，要求无色光学玻璃的折射率和色散系数与其标准数值的差值限定在某个范围内。根据光学系统的质量要求，若可放宽折射率、色散的允差，则不再重新测折射率，对于高质量长焦距系统，必须重测玻璃的折射率，并尽量选择"类别"高的指标。

（2）同一批光学玻璃的折射率及色散系数的一致性

同样从光学设计角度考虑，还要求同一批光学玻璃的折射率及色散系数的不一致性限定在某个范围内。

（3）光学均匀性

光学均匀性是指在同一块光学玻璃各部分折射率变化的不均匀程度，是影响透射式系统成像质量的重要指标，特别是当光学系统中玻璃总厚度较大时，就更为重要。此指标反映了同一块玻璃当中各点折射率的不一致性，当一入射光束平面波前通过玻璃时，由于折射率的不均匀性，则出射光束波面就不再是平面波，而是有了变形的波面，亦即有了光程差，从而影响光学系统的成像质量。这一技术指标说明，光学系统玻璃总厚度较大时，即使光学系统设计得再理想，光学均匀性也会对成像质量构成威胁。

（4）应力双折射

理想的光学玻璃应该是各向同性的材料，没有双折射现象。但是，一方面，当光学玻璃受到外力（如装夹太紧）时会产生内应力；另一方面，在退火过程中，由于同一块玻璃中各处温度不一致，也会带来内应力。内应力的存在，破坏了光学玻璃各向同性，在光学上产生双折射现象，即：当一束光线通过存在内应力的玻璃时，将产生传播速度不同的两束光线，分别称为寻常光线和非寻常光线，这种现象称为应力双折射。应力双折射与光学玻璃的光学均匀性紧密相关联，光学均匀性高的玻璃，其应力双折射必然很小。

（5）条纹度

条纹是由于光学玻璃在熔炼过程中，各部分化学成分不均匀所产生的局部缺陷，缺陷处的折射率和主体的折射率不相同。条纹会造成光线的折射、散射和使波面变形，引起像质变坏。条纹的形状有直的、弯曲的、单个的、交叉的、稀疏状的等，对于空间光学系统来讲，凡是肉眼能直接观察到的条纹都是不允许的。

（6）气泡度

玻璃当中的气泡相当于玻璃中众多细微的凹透镜，引起光线的散射，降低像质，特别是对处于成像面附近的光学零件，如焦面处的分光棱镜、分划板等就应严格控制气泡度，以免造成对成像目标的误判。

（7）光吸收系数

光吸收系数用白光通过光学玻璃中每厘米路程的内透过率的自然对数的负值表示，当

光线垂直入射光学玻璃后，吸收系数 k 用式（3-1）表示。

$$k = -\frac{\ln\tau}{l} \tag{3-1}$$

式中，τ 是光学玻璃的内透过率；l 为光束通过玻璃的路程。光学玻璃的吸收系数 k 是一个与厚度无关的量，一般随光波的波长变化。对于一个简单的光学系统（如双胶合透镜等），吸收的部分可以忽略不计，但是对于长焦距空间折射式光学系统，由于透镜数量多，透镜厚度总和较大，因而，吸收系数的大小对于光学系统透过率的影响就不能忽视了。

除了光学玻璃本身的吸收引起的光能量损失外，光学零件界面的反射也造成一定的光能损失，使总透过率降低，光学玻璃的总透过率取决于光学玻璃的吸收系数和表面的反射系数，对于包含多片透镜的折射式系统，增加系统总透过率的主要途径是减少透镜表面的反射损耗，最主要的措施是在透镜表面镀增透膜。

（8）耐辐射性能

光学玻璃在一定剂量的 X 射线辐射下，产生辐射电离，形成色心而着色，透过率下降，光密度增大，可以用光密度增量表征光学玻璃的耐辐射性能。为了适应空间应用，折射系统的第一片透镜通常选用具有耐辐照性能的光学材料。

光机系统要求重量轻、稳定性好，结构材料的选择对实现系统的高刚度和轻量化至关重要，光机结构中常用的材料主要有金属材料和复合材料。

铟钢是铁和镍铝的合金，具有低的热膨胀系数，可以实现很好的热稳定性；缺点在于它具有相对低的比刚度、低的导热系数以及高的密度。因此，铟钢常用在对稳定性要求较高的透镜以及反射镜的定位和支撑结构上。钛合金的热膨胀系数和光学玻璃匹配，具有适中的刚度、高的韧性和屈服强度，通常用在高性能的透镜组件中以及早期小口径反射式光学系统的主支撑结构中。

铝合金是支撑结构常用的一种材料，其特性包括高的热导率、良好的加工性、低成本、适中的刚度以及高的热膨胀系数。由于其热膨胀系数高，使用时需要考虑和其他材料的热匹配，实现消热设计。

此外，复合材料在结构类材料中应用越来越多，如碳纤维增强复合材料（CFRP）、碳/碳化硅（C/SiC）等。CFRP 在我国空间相机中应用始于 20 世纪末 21 世纪初[4]，最初只是应用在非承力结构或者支撑精度要求不高的结构件中，如空间相机遮光罩、光阑板、空间相机支架等。基于 CFRP 的可设计性，近十多年来，高模量的 CFRP 逐步应用于空间相机的精密支撑结构件中，尤其是对刚度要求较高、对线膨胀系数要求较为严格的连接光学元件的精密支撑结构件，且应用越来越广泛。

硅橡胶及各种光学结构胶在空间光学系统中也有广泛的使用，特别是在光学元件与金属支撑结构的连接中有着重要的应用，这些黏接剂可代替螺钉、铆钉、压板以及其他机械连接形式，不仅可以减轻结构件的重量，降低成本，而且可以使连接应力分布更均匀，甚至可以具备一定的柔性，能够承受较大的机械力。值得注意的是，一般来说，大多数的黏接剂并不是针对空间光学系统定制的，因此黏接剂的选择应该考虑其使用的特性，除了常规的模量、热膨胀系数、温度适用范围外，还要考虑其真空质损特性、可凝挥发物、体收缩率等。设计师要在可选的厂商中选取基础特性满足使用要求的几种可工业化批量生产的黏接剂，然后进行大量的筛选才能最终确定。

3.2.2　反射式光学系统常用材料

反射式光学系统常用的材料主要包括光学材料、结构材料和黏接材料。结构材料和黏接材料与折射式光学系统相同，这里重点介绍常用的反射镜材料。首先，空间反射镜材料选择主要考虑如下因素：

热稳定性：反射镜材料应具有高的热稳定性以保证在热变化时反射镜面形变化最小。材料的热稳定性用热传导率和热膨胀系数的比值（λ/α）来表示。高导率能使反射镜很快达到热平衡，减小热梯度，因此比值越大，材料的热稳定性越好；而低热膨胀系数可以减小温度变化时反射镜的热变形。

结构特性：材料的高模量和低密度对于反射镜轻量化很重要，一般用比刚度表示。比刚度越大，材料的结构特性就越好。

加工性和安全性：大口径、超轻型反射镜一般都要具有很高的轻量化程度，这就要求反射镜材料具有很好的加工性和安全性。

目前常用的空间反射镜材料有碳化硅（SiC）、铍（Be）、超低膨胀熔石英（ULE）和微晶玻璃（Zerodur）等。反射镜材料性能参数（常温下）见表 3-1[2]。

表 3-1　常用反射镜材料性能参数

材　料	SiC	Be	ULE	Zerodur
密度 γ/(10^3 kg/m^3)	3.05	1.85	2.21	2.53
弹性模量 E/GPa	400	280	67	91
热导率 λ/[W/(m·K)]	185	157	1.3	1.6
线膨胀系数 α/(10^{-6} K^{-1})	2.5	11.4	0.03	0.05
比刚度（E/γ)/10^6 m	13	15.1	3.0	3.6
热稳定系数(λ/α)/(10^6 W/m)	74	13.8	43.3	32

由表 3-1 可以看出，各种材料的综合性能对比情况如下：

热稳定性方面：微晶玻璃具有很低的热膨胀系数和热导率，达到热平衡的速度很慢，这意味着微晶玻璃反射镜在温度变化时较稳定，但达到热平衡的时间却很长，容易产生热梯度。铍材料的热膨胀系数会随着温度变化而改变，常温下铍的热膨胀系数很大，但是低于常温时热膨胀系数下降很快，并且在低于 80 K 时，热膨胀系数接近零，所以特别适于低温应用。碳化硅材料在很大的温度范围内都具有高的热传递系数和中等程度的热膨胀系数，热稳定性系数最高，热稳定性最好。

因此，从热稳定性方面看，常温下碳化硅最好，微晶玻璃其次，而铍适于低温应用。

结构性能方面：碳化硅和铍的比刚度都很大（约是微晶玻璃的 4 倍），都可以大大降低反射镜的质量，尤其适于大口径空间应用的反射镜。因此，铍和碳化硅在结构性能方面优于微晶玻璃。

　　加工性和安全性方面：碳化硅和铍材料比刚度高，可以实现很高的反射镜轻量化程度。碳化硅材料特殊的晶格结构，使其加工残余应力很小，因此尺寸稳定性好。在安全性方面，碳化硅和微晶玻璃都很安全，但剧毒特性限制了铍的应用。

　　对于大口径反射镜（特别是口径大于 1 m 量级的），常用的材料主要包括 ULE 和 SiC。ULE 全名为超低膨胀熔石英，是在熔石英材料中掺杂了含量 7.5% 的二氧化钛（TiO_2），室温下具有近零热膨胀系数，约为 $0.3 \times 10^{-7}/℃$（甚至还可以降低到 $0.2 \times 10^{-7}/℃$ 以下）。ULE 可通过机加轻量化或者熔融制备，也可以在较高温度下通过陶瓷焊料粘接到一起。ULE 材料在空间大口径反射镜制备中已有广泛应用。碳化硅材料具有高硬度和高强度，从低温到高温在很大的温度范围内都具有很高的热稳定性，且加工性能好。因此，碳化硅也常作为大口径、超轻型反射镜的首选材料，典型的如 Hershel 望远镜的口径 3.5 m 的碳化硅反射镜[3]。

3.3　空间光学元件及支撑结构设计

　　光学元件的种类繁多，包含各种口径的透镜、反射镜、棱镜等，相关设计方法以及介绍在文献中有非常多。这里主要针对空间光学系统中经常应用的透镜和反射镜及其支撑结构进行介绍。

3.3.1　透射式光学元件及支撑结构设计

3.3.1.1　透射式光学元件

　　透射式光学元件主要分为平面窗口类和透镜类。透镜类一般可分为凸透镜和凹透镜。凸透镜中央较厚而边缘较薄，有双凸、平凸和凹凸（或正弯月）等多种形式。凹透镜是中央薄而边缘厚，可分为双凹、平凹、凸凹等形式，如图 3-1 所示。

　　在光学设计的基础上开展透镜形式的设计。一般光学设计给出的透镜都是比较规则的形状，结构设计需要依据布局来进行填补或修切，在光学设计和卫星总体要求的有限空间内，考虑紧固和加工限制对各零部件的尺寸构型进行设计安排。透镜外圆需要径向延伸，单侧或双侧需要修切平台面，以便于光学件轴向位置的紧固，减少结构应力的影响。其中双凸透镜、平凸透镜、正弯月形透镜的边缘最小厚度，以及双凹透镜、平凹透镜、负弯月透镜的中心厚度都必须有一定合理的数值，以保证光学零件的必要强度，使其在加工中不易变形或破损。高精度镜头在加工前，一般需要对提供的材料进行折射率复验，光学设计根据实测的折射率进行重新设计优化，确定加工最终参数。

3.3.1.2　单透镜的支撑

　　与反射镜支撑不同，透镜不可以采用背部支撑，只能采用径向支撑及边缘轴向支撑形式。透镜支撑结构主要分为刚性和柔性支撑结构两大类。单透镜支撑结构设计目标主要包括：减小或消除可能造成镜面变形的局部应力；补偿由支撑结构和镜体热变形不同引起的热应变或应力；实现高精度定位，使不同方位下透镜重力引起的刚体位移尽可能小[4]。

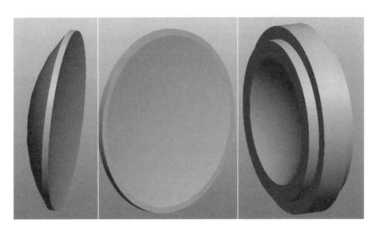

图 3-1　透镜形式设计

刚性支撑是指将透镜直接或使用垫片间接放置在镜座内，根据热膨胀系数差异、透镜尺寸及工作温度范围等条件预留一定的间隙，通过压圈、隔圈压紧，从而使得透镜的面形精度达到要求。刚性支撑结构主要由压圈、隔圈组成，如图 3-2 所示，其结构简单且容易加工，在传统小口径透镜中使用广泛。

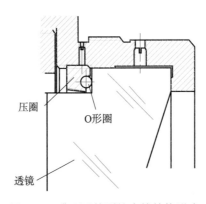

图 3-2　典型透镜刚性支撑结构形式

柔性支撑是指在刚性支撑结构中引入基于运动学原理的柔性铰链，将其转化为柔性支撑结构。柔性支撑结构分为弹性体支撑、柔性镜座支撑及柔性铰链支撑三种形式[6]。

弹性体支撑形式主要是利用硅橡胶等黏弹性材料对透镜的径向和轴向进行支撑和定位，利用其线膨胀系数的差异及胶斑吸收变形的能力，对温度变化产生较低的应力，补偿透镜与金属间的热变形，如图 3-3 所示。

柔性镜座支撑形式是在刚性镜座的基础上增加了柔性铰链、切向杠等，释放某一方向的自由度，使得镜座本身具有一定的弹性，补偿透镜与镜座之间的线膨胀系数差异，提高透镜面形精度。一般在温度范围较大的环境下使用，来提高其热稳定性，如图 3-4 所示。

柔性铰链支撑形式是利用柔性铰链结构独立支撑透镜，与镜座分离开。类似于反射镜的侧面支撑结构，柔性铰链的应用，使得透镜在某自由度上具有一定的柔度，允许该方向

图 3 - 3　典型弹性体支撑形式[5]

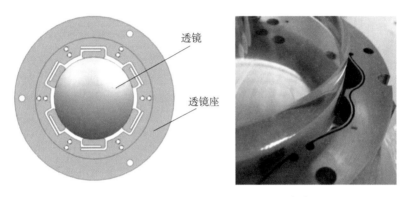

透镜

透镜座

图 3 - 4　典型透镜柔性镜座支撑结构[7,8]

上存在少量可控的相对位移,隔离机械变形和热变形,使其具有更高的面形精度、更好的环境适应能力。

3.3.1.3　多透镜的支撑

对于多透镜支撑安装一般分为两种方式。一种是单层镜筒直装式,直装式结构主要适用于对中心误差控制精度要求较低的光学系统。一般情况下,当透镜组件的光学件及结构的加工精度可确保光学装调精度时,优先采用直装式结构。另一种是双层结构即镜筒加托框式结构,当直装式结构无法满足装调精度时,采用托框式结构。该结构形式的特点是:在多透镜组件装配阶段需要对一个或多个透镜做精细的横向或轴向调整,需要对单透镜组件进行机床定心,将光学元件的光轴基准外引至结构基准上,如图 3-5 所示。

3.3.2　反射式光学元件及支撑结构设计

反射镜组件是反射式空间相机的主要部件,一般由反射镜与支撑结构组成。本节主要对反射镜及其支撑结构设计中需要重点关注的几个问题进行分析介绍,包括反射镜轻量化设计、适合于小口径反射镜的胶悬浮框式支撑结构以及适合于大口径反射镜的准运动学支撑结构。

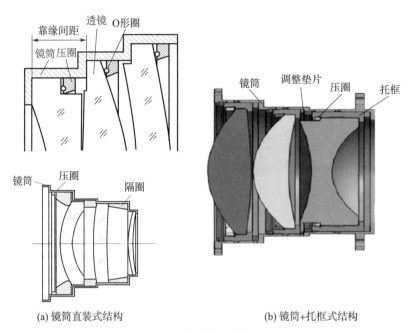

(a) 镜筒直装式结构   (b) 镜筒+托框式结构

图 3 - 5 多透镜的支撑方式

3.3.2.1 反射镜轻量化设计

据统计，在空间光学有效载荷中，反射镜的重量约占整个相机重量的七分之一甚至更高，因此，在面形质量要求下进行反射镜的轻量化设计，是反射镜设计过程必须完成的工作，在反射镜设计中占有非常重要的地位。

反射镜轻量化评价指标最早采用的是径厚比或轻量化率。径厚比指的是反射镜直径和厚度的比值，在相同口径下，比值越大，反射镜就越轻，不过会减弱抗弯刚度，更易发生变形；轻量化率是反射镜背部去除材料和未去除材料之前实体镜片质量之比，这个比值越高，表征的轻量化率就越大，当前大口径反射镜的轻量化率一般都可以达到90％以上。目前评价轻量化应用比较多的是面密度指标，也就是反射镜的质量和有效通光口径面积的比值，单位为 kg/m²，数值越小表示轻量化程度就越高。图 3 - 6 给出了空间望远镜反射镜面密度的发展趋势，可以看到，随着技术发展，空间反射镜轻量化程度越来越高，20 世纪 90 年代发射的 HUBBLE 望远镜（HST）主镜面密度为 240 kg/m²，而 JWST 望远镜主镜面密度仅为 15 kg/m²。

反射镜轻量化的实现，主要通过在反射镜背部开孔来去除材料，包括开放式、封闭式以及半封闭式，孔的方向一般和光轴方向一致，有时也可以沿着径向开孔去除材料。背部孔的轻量化方式主要采用结构优化或者拓扑优化来设计，关于这方面的资料，可以参考《光机系统设计》等一些著作。

在反射镜轻量化设计过程中，材料选择、构型迭代、尺寸优化是非常繁杂的。虽然在结构优化方面有许多方法和工具软件可以利用，比如拓扑优化的方法，但是考虑到算法的易用性和稳健性，筛选对比方法目前还占据重要地位。筛选对比的前提是掌握反射镜设计

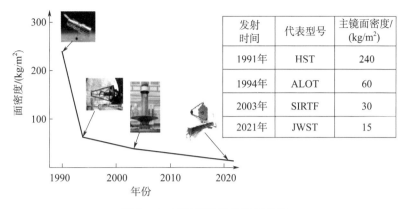

发射时间	代表型号	主镜面密度/(kg/m²)
1991年	HST	240
1994年	ALOT	60
2003年	SIRTF	30
2021年	JWST	15

图 3 - 6　反射镜轻量化发展趋势

的构型类型，可选的构型和种类越多，设计最优的可行性就会越大。表 3 - 2 给出了一种背部开放式反射镜筋板布局分类方法（主要为 SiC 反射镜），通过选择集的增加，可以有效加速优化实现进程[9]。

3.3.2.2　反射镜支撑结构设计

反射镜支撑结构的功能包括：确定并保证反射镜在光学系统中的位置精度和面形精度，使其在重力、温度变化等条件下满足光学系统成像质量要求；支撑反射镜经受发射过程力学环境考验；在保证刚度及面形的条件下尽可能减轻重量。按遥感器的工作阶段，支撑结构的功能还可以概括为以下几个方面[11]：

地面装调阶段：反射镜在空间微重力环境下工作，但加工、检测以及装调都在地面重力环境下进行，因此，在装调阶段，反射镜的定位和支撑除保证反射镜的位置精度外，还能够模拟或仿真反演空间失重状态，以减小重力环境变化对反射镜面形的影响。

发射阶段：光学系统要经受加速度、冲击和振动的影响，在此环境下，定位和支撑保证反射镜的安全和位置精度是非常重要的。

在轨工作阶段：反射镜主要受温度环境的影响，定位和支撑在此阶段的主要功能就是减小温度环境变化对反射镜面形精度的影响，应当避免定位系统对反射镜的过定位，使反射镜处于"舒服"状态，即温度变化时反射镜可以自由收缩，不会因为温度变化使反射镜产生内应力从而影响反射镜的面形精度。

反射镜支撑结构有多种分类方法。根据反射镜上支撑位置的不同，支撑方式大致可分为中心支撑、周边支撑、背部支撑和侧面支撑；按支撑对反射镜的约束方式不同，又可分为静定支撑和超静定支撑等；按支撑点的力是否可主动调整，又可分为主动支撑和被动支撑。

随着反射镜口径和轻量化技术的不断发展，反射镜支撑技术也得到相应的发展。空间反射镜的支撑大致经历了三个发展阶段。第一个阶段为框式支撑方式，反射镜通过胶接的形式和支撑框粘接，主要应用于小口径反射镜，一般具有比较好的刚度和稳定性，但轻量化程度较低。随着反射镜口径增大以及轻量化要求不断提高，这种支撑方式已经无法满足

表 3 - 2 反射镜轻量化筋板布局分类

分类	无中心筋	贯通筋布局		中心筋布局	
分类示意图					
布局图例					

续表

分类	非贯通筋布局		非中心筋布局
	中心筋布局		
分类示意图			
布局图例			

注：1. 贯通筋板布局中，无中心筋板布局的分类还包括四条、五条等其他条数中心筋板的布局，这里未具体列举。

2. 非贯通筋板布局中不过中心轴的分类与贯通筋板布局中无中心轴的布局相似。

设计要求。第二个阶段采用了符合运动学原理的离散支撑方式。这种定位支撑为（准）运动学支撑，即约束数量正好等于需要消除的自由度数，它具有精确定位功能，同时又可避免过约束对反射镜产生应力，从而影响反射镜的面形。不过，在地面环境下容易产生较大的重力变形，采用重力卸载措施，可以降低重力对反射镜面形的影响；在发射阶段有时需要采用辅助支撑，使反射镜能够经受恶劣的发射环境的影响。框式支撑和离散支撑方式都属于被动支撑，不能通过支撑对反射镜的位置和面形进行调节。第三个阶段是主动支撑方式。随着反射镜口径及轻量化程度不断提高，主动支撑开始应用于空间反射镜，比如JWST 望远镜在反射镜背部设置一系列致动器，致动器和刚性支撑背板相连，通过对各个致动器施加作用力（拉或压）就可以控制反射镜的位置或面形。以下将重点介绍目前空间常用的被动支撑方式。

3.3.2.3　框式支撑反射镜

反射镜框式支撑又称"胶悬浮"支撑，一般由托框、反射镜、支撑胶斑、轴向限位压块、轴向限位胶斑组成（见图 3 - 7）。轴向限位压块与轴向限位胶斑只在大量级轴向振动时才会起作用，一般情况下，轴向限位胶斑与反射镜是不接触的，在计算稳态面形时，可以将轴向限位块和轴向限位胶斑忽略。

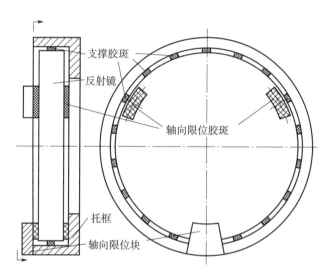

图 3 - 7　典型框式支撑反射镜组件

框式支撑最大的优势是较好的抗力学振动能力，周向（侧向）的橡胶胶斑的弹性模量是金属托框弹性模量的千分之几，该支撑方式正是利用了橡胶胶斑吸收变形的能力，在一定范围内解决了超静定支撑过约束对反射镜面形的影响，与此同时，在反射镜组件与相机主体安装处增加柔性卸载环节，来进一步抵抗热、装配应力对镜面面形精度的影响[12,13]。

框式支撑反射镜组件设计的要点包括：通过有限元仿真与实验测试得到特定规格胶斑的实际拉压模量、剪切模量、拉伸强度及剪切强度，优化布局胶斑的位置和数量；通过轴向弹性限位的设计，控制大量级振动时振动幅值及避免硬接触；通过组件安装接口的柔性环节设计，减小装配应力和热适配的影响。

　　框式支撑过程中除了镜片的轻量化设计外，还需要考虑托框、卸载环、胶斑的设计。其中，胶斑的设计首先按照 Yoder 公式，求最小胶斑面积，再根据托框的支撑形式，均匀布置胶斑。最小胶斑面积计算公式如下：

$$Q_{\text{MIN}} = Wa_{\text{G}}f_{\text{S}}/J \tag{3-2}$$

式中，Q_{MIN} 是最小粘接面积；W 是光学件重量；a_{G} 是最恶劣加速度因子；f_{S} 是安全系数，一般 $\geqslant 3$；J 是抗剪切强度。

　　托框设计按照反射镜组件实际的地面装调状态或使用状态，以刚度、位移、重力等为目标进行托框的形状拓扑优化，托框形状优化过程中还要考虑工程可实现性，最终得到理想的托框形式。在托框形式确定的基础上，进行托框结构尺寸的优化，设计出满足技术要求的反射镜组件，如图 3-8～图 3-10 所示。

图 3-8　拓扑优化有限元模型

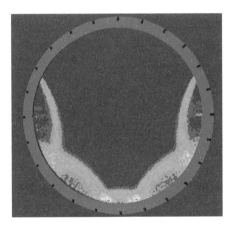

图 3-9　拓扑优化结果

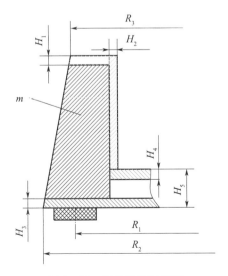

图 3-10　优化参数示意图

托框与相机安装部分一般应设计柔性卸载环节，多为开槽结构，如图 3-11 所示。柔性环节在满足地面重力刚体位移和抗力学性能的前提下，提高了系统的容差能力，使反射镜组件具备更优的装配应力卸载和热卸载能力。

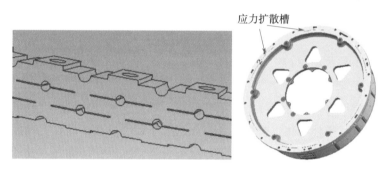

图 3-11　典型的结构卸载环节

为了使反射镜同时具备高支撑刚度和较强的热适配卸载能力，将传统托框支撑形式进行改进，如图 3-12 所示。该支撑方式充分利用了胶斑压缩模量远大于常规剪切模量的特点，光轴水平时，在重力作用下，反射镜的支撑刚度主要由胶斑的拉压弹性模量实现。当温度发生变化时，热失配的卸载主要通过胶斑的剪切模量实现，这样可以实现在支撑刚度不变的情况下，热失配卸载能力的有效提升。

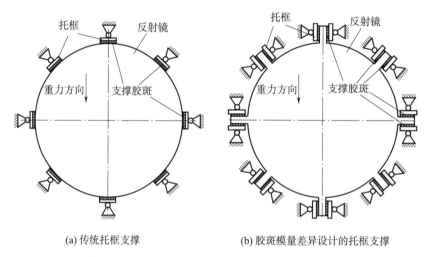

(a) 传统托框支撑　　　　　　　　　　(b) 胶斑模量差异设计的托框支撑

图 3-12　光轴水平重力场中的两种托框支撑方式

3.3.2.4　准运动学支撑反射镜

运动学支撑正好约束了反射镜的六个刚体自由度而没有冗余，这样的支撑可以有效隔离外界变形特别是弯矩对反射镜的影响。典型的反射镜运动学支撑布局如图 3-13 所示。

图中箭头表示施加的约束自由度方向，竖直方向为沿着光轴方向，横向在反射镜面内；前 4 个布局中的数字表示每个约束点的约束数量，最后一个 6-1 表示由六个单自由度约束构成。这几种布局在反射镜支撑中都有应用，比如 2-2-2（b）常采用点切向对称

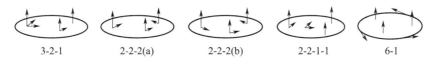

图 3 - 13　典型的反射镜运动学支撑布局

布置的 Bipod 支撑形式，3 - 2 - 1 则是经典的球-槽-沟布局。

运动学约束是理想化的支撑形式，在实际中很难实现，一般采用柔性元件在需要施加约束的方向设计使用大的刚度，而对需要释放的自由度采用较小的刚度，这种形式通常称为准运动学支撑。常用的准运动学支撑方式包括三点 Bipod 支撑、Whiffletree 支撑、多点球铰支撑以及多点挠性元件支撑等。下面对三点 Bipod 支撑和四点球头支撑做进一步介绍。

（1）三点 Bipod 支撑

典型的 Bipod 结构如图 3 - 14 所示，由两个杆件构成，反射镜和支撑背板通过 Bipod 结构连接，可实现对反射镜的准运动学支撑。

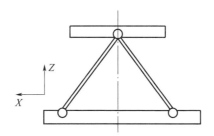

图 3 - 14　一组典型的 Bipod 构型

在实际工程中，支撑杆的两端并不是完全的铰链，而是通过在支撑杆的两端设置脖颈，即设置柔性环节，使支撑杆沿杆方向的刚度远远大于另外两个方向，从而实现准运动学定位支撑。支撑杆两端的柔性环节允许支撑结构相对反射镜在径向和切向的尺寸发生变化，避免了由于热不匹配对反射镜产生作用力，而影响反射镜的面形。Bipod 支撑在空间反射镜上的应用非常广泛，法国 pleiades 卫星相机的主反射镜以及美国"地球之眼"卫星相机的主镜都采用了这种支撑方式。

按照不同方式可以对 Bipod 结构进行简单分类，如图 3 - 15 所示。其中正 Bipod（normal）通过三个点和反射镜连接［见图 3 - 16（a）］，而逆 Bipod（inverted）需要通过六个点和反射镜连接［见图 3 - 16（b）］。在同样条件下，逆 Bipod 有助于提高光轴方向重力导致的面形精度，但会增加与镜体连接装配的复杂性。整体式 Bipod 在结构上是一个整体，而分体式 Bipod 可以分为两个独立的部分，常见的是通过两个杆件的组合来形成一个 Bipod 构型。根据柔性环节的不同设置，Bipod 结构可以区分为中间柔性和两端柔性以及混合柔性三种。

温度变化时，反射镜的刚体位置可能发生变化，特别是沿着光轴发生移动，为此，可以对支撑杆的热膨胀变形进行设计，通过不同热膨胀系数材料的互补可实现非热化设计。

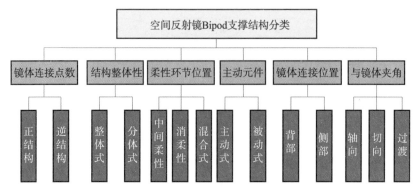

图 3-15　Bipod 结构分类

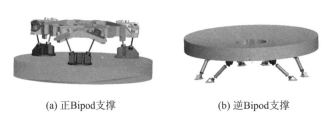

(a) 正Bipod支撑　　　　　　　　　　(b) 逆Bipod支撑

图 3-16　两种 Bipod 支撑实现形式

（2）四点球头支撑

球头作为一种传统的运动副，可以实现对转动自由度的释放，在反射镜支撑设计中，合理使用球头支撑也可以实现准运动学支撑的目的。下面介绍一种在长条型反射镜研制中采用的四点球头支撑技术。

四点球头支撑反射镜组件主要由反射镜、镜框、嵌套、衬套、4 个球头支杆和侧面胶柱组成。此支撑方式一般适用于中等口径的反射镜支撑。四点球头支撑分别是中心球头支撑、侧面球头支撑、上球头支撑、下球头支撑。在镜框周围设置若干个侧面胶柱，可以有效地减少振动时反射镜的响应。四点球头支撑反射镜组件结构布局图如图 3-17 所示[14]。

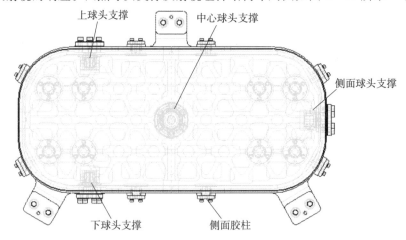

图 3-17　四点球头支撑反射镜组件结构布局图

四点球头支撑对反射镜自由度的约束如图 3-13 所示，即前面所说的 2-2-1-1 布局，每个数字代表该点上自由度的约束数目，中心点约束反射镜平面内的两个自由度，一侧单个点则约束短轴方向的平动和沿着光轴方向的平动，另外两个点则只约束沿着光轴方向的平动。

反射镜通过嵌套和球头支撑连接，而嵌套通过环氧胶粘贴到反射镜端面安装孔内，球头支杆和反射镜嵌套间装配有衬套。嵌套的外径需和反射镜端面安装孔的内径进行配制。衬套的外径需和嵌套的内径进行配制。球头支杆的球头外径需和衬套的内径进行配制。根据设计需要和其他约束条件，可在四个球头支撑安装完成后，通过球头支杆上的中心孔向球头衬套内注入光学结构胶。球头支撑部分的结构形式如图 3-18 所示。

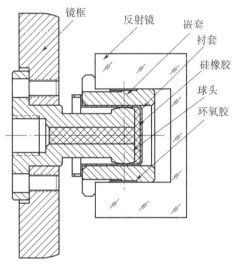

图 3-18　球头支撑部分结构图

通过嵌套和衬套的结构限位，中心球头支撑实现对反射镜长轴和短轴方向的运动约束；侧面球头支撑实现对反射镜短轴和光轴方向的运动约束，上球头支撑和下球头支撑仅实现对反射镜光轴方向的运动约束，其结构示意图如图 3-19 所示。

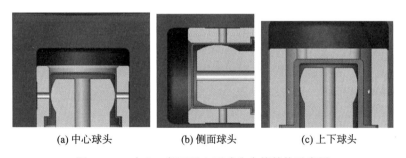

(a) 中心球头　　　　　(b) 侧面球头　　　　　(c) 上下球头

图 3-19　中心、侧面及上下球头支撑结构示意图

4 个球头支撑通过镜框和主体支撑连接。相机主体除设有三个安装面和四个球头支杆的连接面外，还设有侧面定位孔、背部定位孔、侧面胶柱安装孔和侧面胶柱拆除孔等。根

据四点球头支撑的特点、反射镜的外形尺寸以及镜头的布局，对镜框的安装接口进行设计。镜框应具有足够的刚度和强度，可以对反射镜起到稳定的支撑作用。

3.4　光机主体结构设计

3.4.1　光机主体结构设计概述

　　光机主体结构是整个空间光机系统中连接各个光学元件的关键环节，其设计的优劣将大大影响最终的成像质量。光机结构方面可能造成空间光学遥感器工作性能降低甚至无法正常工作的主要因素有：1）发射过程中的过载和冲击、振动所引起的遥感器光机系统结构的永久变形或者破坏；2）入轨后的微重力环境引起的光机系统结构的重力回弹变形；3）在轨运行阶段的外部环境扰动如低频振动、随机振动等会引起焦面抖动，从而使图像产生模糊；4）在轨温度场强烈变化引起的遥感器结构变形或破坏。因此，空间光学相机主体结构具有如下特点[15]：

　　1）高可靠性：空间光学遥感器发射或在轨运行时，如出现故障，将很难对其执行维修工作，即使可以修复，其成本和代价也是极其高昂的。一旦卫星或空间光学遥感器不能正常工作，只能任其报废，由此带来的损失是无法估量的。

　　2）高强度与高刚度：空间光学遥感器在发射过程中要承受强大的瞬间冲击与振动，通常是重力载荷的十几倍，因此，系统必须具有高强度与高刚度，以保证遥感器结构在这一阶段不破坏，不产生残余变形。此外，遥感器在轨运行期间受到重力释放和各种环境扰动的影响，并且持续时间较长，因此对结构的静态、动态刚度都有很高的要求。

　　3）高精度：遥感器结构特别是光学元件的夹持、装调部件都需要足够高的精度，这样才能保证各光学元件的形状及其相对位置的精确性。

　　4）高稳定性：遥感器在发射阶段和在轨运行阶段，在力学载荷、热载荷作用下其光机系统结构弹性变形必须被控制在很小的范围内，以满足光学系统波前误差要求。

　　5）轻量化：轻量化是光机结构设计的基本要求。航天仪器的发射成本极高，且运载能力有限，对空间光学遥感器进行合理有效的轻量化设计，不仅可以最大限度地降低发射费用，而且较轻的质量可以改善遥感器的动力学特性，提高遥感器的工作性能。

　　6）天地一致性：一方面，光机结构设计要控制在轨微重力环境下的重力回弹引起的微位移，满足光学允差要求。另一方面，地面测试试验的环境要覆盖在轨环境，确保相机性能指标的天地一致性。

　　7）与卫星平台变形的解耦：一般情况，相机与卫星平台的热边界环境条件较差，平台在轨的热变形易传递至相机承力结构，导致关键部组件的精度下降，影响成像性能。所以相机光机结构在设计时还需考虑与平台变形的解耦问题，通常可通过静定支撑或柔性释放来解决。

　　在整个光机系统中，主镜和次镜是最敏感的两个环节，保证空间光学遥感器主次镜的相对位置关系的稳定性是保证系统成像质量的关键，主次镜间支撑结构的设计也就成为光机主体结构设计中的重点。为了得到更好的成像质量，主次镜间支撑结构在设计时需要兼顾上述设计要求，尤其是满足高强度、高刚度、高稳定性和轻量化的要求。

目前，空间相机光机主体结构形式主要有筒式结构、框架式结构、杆系结构、支撑杆式结构等，如图 3 - 20 所示。

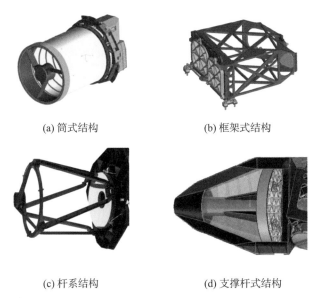

(a) 筒式结构　　　　　　　　　(b) 框架式结构

(c) 杆系结构　　　　　　　　　(d) 支撑杆式结构

图 3 - 20　主次镜间支撑结构形式示意图

对于中小型相机系统（通常主镜口径小于 1 m），主次镜间支撑结构最常用的是筒式结构或框架式结构。筒式结构主要应用于同轴相机，框架式结构主要应用于离轴相机。这两种结构一般为金属整体铸造成型或复合材料一体铺层成型，具有整体强度和刚度大、热稳定性好等诸多优点。

对于大中型相机系统（通常主镜口径大于 1 m），主次镜间支撑结构最常用的是杆系桁架结构，该种结构的特点是比刚度高、装配灵活、形式简单，具有很强的可设计性，能够使各支杆在多种约束条件下最大限度地承受载荷，易于合理有效地分配各杆的承载能力，实现消热设计，尤其适用于大型对称结构。

支撑杆式结构的典型形式为 A 型梁结构，设计简洁，结构形式简单。可有效减重以及便于地面装调检测，在大型太空望远镜中应用较多，特别是在红外波段观测的空间望远镜。另外，在中小口径光学遥感器中也有应用，同时要配置外遮光罩等消杂光装置，抑制主次镜开敞结构带来的杂光影响。

3.4.2　筒式结构

通常，空间同轴三反式中小口径相机多采用薄壁筒式支撑结构，该结构组件主要由承力筒以及杂光抑制结构组成，如图 3 - 21 所示。薄壁承力筒的主要功能是在满足强度、刚度以及热膨胀系数设计要求的前提下，连接主镜、次镜支撑部件以及遮光罩部件等，满足光学系统设计要求，保证系统成像质量，主要设计要求如下：

1）强度要求。承力筒在振动及过载工况下，受次镜、筒体自身及其他外载荷作用，不会产生屈服。

2）刚度要求。承力筒的静刚度需要满足次镜偏心、倾斜和镜间距的公差（由光学设计人员提供）要求；动刚度需要满足模态及频响特性要求，避免次镜部组件的响应过大。

3）稳定性要求。在经历火箭发射的力学环境前后以及在轨温度变化的环境下，相机的主次镜间距（即承力筒的长度）满足光学系统位置精度要求，热稳定性主要考虑材料的线膨胀系数和结构的热补偿设计相匹配。

4）构型要求。承力筒内径不得太小，避免阻挡光路，外径需要满足空间相机与卫星的总体包络要求。

5）杂光抑制要求。承力筒内采取消杂光措施并进行表面处理，满足相机杂光抑制的要求。

6）轻量化要求。承力筒作为相机光机主体的主要承力部件，需要满足重量要求。

7）机械接口要求。承力筒需要与相机主体相关部分以及次镜部件连接，需要保证接口正确，满足装配要求。

薄壁承力筒式主体支撑结构主要有以下三种实现方式：

（1）金属材料加筋结构

承力筒用一些金属材料（如铝合金、钛合金）铸造及机加完成，并且在承力筒周边加上一些环向和轴向筋，利用金属部件自身良好的刚度和强度特性以及筋的分布，使承力筒达到设计所需要的刚度与强度要求。但是，金属材料自身的热特性较差，温度水平和梯度的变化，会导致承力筒产生比较大的变形。对于主次镜位置稳定性敏感的系统，需要配合高精度的温度控制，或者采用消热设计来保证一些光学参数满足要求。另外金属件重量相对较大，所以这种结构形式一般应用在小口径光学相机中。

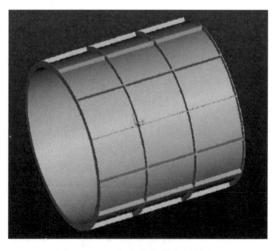

图 3-21　薄壁承力筒金属结构

（2）复合材料加筋结构

复合材料加筋结构和金属材料加筋结构在外形上差别不大，只是材料由金属材料变为复合材料，常用的复合材料有碳纤维复合材料和碳化硅复合材料，如图 3-22 所示。

在现有工艺下，采用复合材料加筋结构的优势在于复合材料的热特性比较好，以及可设计性。通过不同的铺层结构可以在一定范围内实现较为理想的热膨胀系数，从而可满足光学系统要求。其次，复合材料的密度大约是钛合金的近 1/3，质量较小。

图 3-22　复材整体加筋结构

（3）复合材料蜂窝夹层结构

蜂窝夹层结构通常由内、外蒙皮层以及中间的蜂窝芯层构成。按照平面投影形状，蜂窝芯可分为正六边形、菱形、矩形等，其中正六边形蜂窝用料省、制造简单、结构效率最高，如图 3-23 所示。

蜂窝夹层结构的优点是内、外蒙皮通常选用复合材料加工制成，所以热特性较好。其次，蜂窝夹芯和蒙皮连接之后，结构具有很好的刚度和强度。目前，该工艺技术比较成熟，广泛应用于航天航空各个领域。

另外，空间相机在轨运行过程中各部分接受辐射热量不均匀，导致空间相机的工作温度环境很难维持相对恒定，不稳定的温度环境使空间相机结构在热应力效应影响下易出现扭曲现象，导致光学系统离焦与偏轴等。对于同轴相机，主次镜的相对位置关系对成像质量影响很大，要求主次镜间支撑结构具有很高的在轨热稳定性。通常需要对主镜、次镜之间的支撑结构进行热补偿设计，从而降低热控的难度。

热补偿设计也叫消热设计，即利用不同材料热膨胀系数的不同，通过光机主体材料的合理选择和配合，弥补热效应造成的空间相机焦距的变化。它具有结构简单、尺寸较小、质量轻、无需供电和可靠性高等优点。图 3-24 示意性地表示如何实现这种过程。材料的热膨胀有低或高。＋和－表示温度升高如何影响反射镜的中心间隔。单个零件引起的镜间

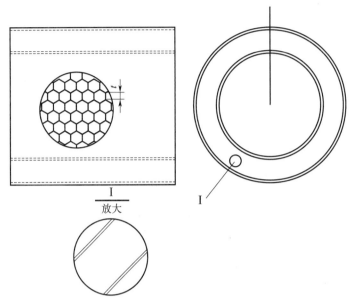

图 3-23 正六边形蜂窝夹层结构示意图

距变化取决于该零件的哪一端与其相邻组件连接固定。对于各种结构成分，每一项的变化就是单个零件的长度乘以自身的热膨胀系数，再乘以温度的变化，这些变化量的和就确定了主次镜的间隔。设计时，可合理选择次镜三杆支架的连接垫片的材料，使其膨胀或收缩的变化满足要求变化，最终结果就是在温度变化的整个过程中，保持主次镜间隔不变[10]。

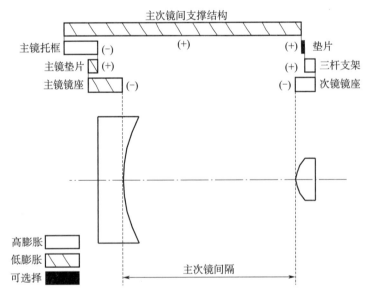

图 3-24 主次镜支撑结构的热补偿示意图

3.4.3　框架式结构

空间离轴相机的主支撑结构一般多采用框架式。框架式主体支撑结构的制造方式有两种：一是整体铸造成型，再通过机械加工去除多余材料；二是分块制备，再进行整体焊接或螺接。其结构的承载能力主要由各种形式的加强筋和薄壁壳体来满足。这种支撑结构的特点是材料连续、刚度大、稳定性较高、不易产生大的应力集中、空间利用率高、能够有效减小相机的重量[16,17]，如图 3-25 所示。框架式结构一般采用金属材料为主，如殷钢、钛合金等。金属基复合材料也有应用，如铝基碳化硅。框架式主体支撑结构适用于形状复杂的中小型空间光学遥感器。

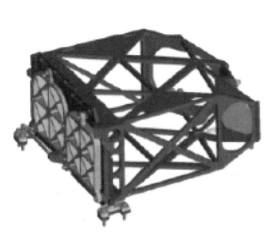

图 3-25　框架式主体支撑结构示意图

框架外形尺寸的设计依据是在保证光学系统中的光学元件安装在要求位置的条件下，将相机整体尺寸设计得尽量小，以减轻重量。框架的设计通常采用连续体拓扑优化设计方法，将强度、刚度等要求变为结构设计时的设计参数和优化目标，完成拓扑优化，再结合工艺及结构要求，完成最终的详细设计。

3.4.4　杆系结构

随着空间相机口径的增大和焦距的增长，传统的薄壁承力筒式主体支撑结构和薄壁框架式主体支撑结构等铸造结构难以同时具备高刚度、小重量、较好的动态稳定性等综合性能。杆系主体支撑结构具有简单可靠、组装灵活、可设计性强等优点，越来越受到关注。与筒式主体支撑结构相比，杆系主体支撑结构的优势见表 3-3。杆系主体支撑结构凭借其优良的空间性能，已经在空间相机的镜筒结构、主次镜间支撑结构等方面广泛应用，如哈勃太空望远镜就采用了杆系桁架式主体支撑结构，如图 3-26 所示。

表 3 - 3　杆系结构与筒式结构性能对比

工艺性能	杆系主体支撑结构	筒式主体支撑结构
加工周期	可控性强	可控性弱
加工工艺性	好	难
装配工艺性	难	不需要
可修复性	强	弱
重量可控性	强	弱
规模可控性	强	弱
精度可控性	依靠良好的装配工艺 和高精度的工装	对重点部位进行 质量控制即可
杂散光遮挡	无 需要蒙皮	具备

图 3 - 26　哈勃太空望远镜杆系桁架式主体支撑结构

杆系结构的设计思想基于将构件的弯曲载荷变为拉压载荷,具有简洁可靠、组装灵活、重量可控、空间利用率高、可设计性强等优点,适用于长焦距、大口径空间光学系统。在实际工程中,杆件主要承受拉压载荷,由于不具备理想铰接端以及由于相对位移,杆件还承受扭矩、剪力和弯矩。随着碳纤维复合材料技术的发展,结合杆系的构型设计可以实现相机结构的消热设计,获得很高的热稳定性。杆系结构的接头采用特殊设计,可以实现装配时的校准调整以及结构的阻尼减振,如图 3 - 27 所示。

(1) 杆系结构设计要求

杆系结构作为空间光学遥感器的承力结构,主要设计要求有:

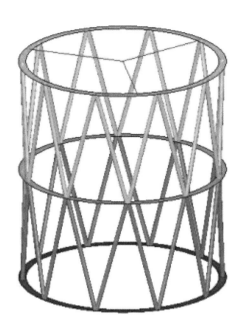

图 3 - 27　杆系结构

1）强度要求。杆系结构在承受的各种力热载荷条件下，不能产生影响相机性能的破坏，如塑性变形、失稳、断裂等。

2）刚度要求。杆系结构作为主承力结构或支撑结构时，均要求具有一定的刚度。刚度要求包括固有频率的要求和不产生弹性失稳的要求。

3）尺寸稳定性要求。要求通过设计保持结构在某方向上的位置精度，以满足关键部件（如光学部件等）的位置精度要求；特别是要求在空间温度变化环境下，尺寸稳定性满足光学允差的要求。

4）构形要求。杆系结构所形成的主承力构架或作为重要设备支撑结构，其构形应满足光学遥感器分系统的要求，如杆件的位置、包络尺寸及截面形状均应在容许的范围之内。

5）质量要求。杆系结构作为主承力结构或作为重要设备的支撑结构，其质量均应小于系统规定值。

6）机械接口要求。杆系结构形成的构架应满足与其他部组件间或分系统之间的机械配合或连接要求，满足相机装配的要求。

7）非机械性能要求。杆系结构应满足导电、接地、绝缘、导热、消杂光等非机械性能要求[18]。

（2）杆系结构的材料选择

杆系结构的性能很大程度上取决于材料的性能。往往用来构造较大跨度、较高刚度的空间构架，因此对其材料选择的主要要求有：

1）机械性能要求。采用比模量和比强度高的材料。

2）物理性能要求。杆系结构特别适用于设计尺寸稳定性高的空间构架，因此要求材料具有较小的线膨胀系数。

3）制造工艺性能要求。杆系结构是比较简单的空间结构，要求其材料工艺性好，便于制造。

4）耐空间环境要求。杆系结构所用材料应具有良好的空间环境稳定性，如某相机对其寿命的要求是 8～10 年空间环境稳定性。

杆系结构的杆件常用的材料有铝合金、钛合金、碳纤维/环氧复合材料、凯芙拉纤维/环氧复合材料以及金属基复合材料等。

（3）杆系结构的基本形式

杆系结构按节点形式可分为桁架和刚架。桁架由直杆和铰节点组成；刚架由杆和刚节点组成。此外，还有两种节点并存的混合型的构架。在桁架中，若载荷只作用于节点，则各杆件只承受拉力或压力，但实际结构中的节点不完全符合铰接的要求，则杆件力除了轴力为主之外，还存在局部的弯矩和剪力。在刚架中，杆件主要承受力矩，但也承受轴力和剪力。稳定杆系结构中，每个杆件必须为任何节点作用载荷提供一个轴向载荷路线，杆件的端点也有足够的自由度支持，才能在任何方向上抵抗力和力矩，从而达到稳定。

杆系结构采用桁架设计还是刚架设计没有一定的要求，需要综合考虑刚度、振动模态及结构质量等因素来确定。总的来说，桁架比刚架更有效。采用桁架设计往往可以达到较高的结构效率，但刚架设计也有优点。在降低效率的代价下（增加了额外的杆件），可以设计一种超静定的冗余结构，在某个杆件失效的情况下，保持整个刚架不会失效，仍可满足要求。但是，对于重量很关键的结构，桁架是比较好的设计形式，因为它以最少的杆件数量来实现结构稳定。另外，刚架设计采用了比需要更多的杆件，增加了分析的不确定性，同时使制造和试验复杂化[18]。

3.4.5　支撑杆式结构

在主次镜间的支撑结构中，三杆式支撑结构应用较为广泛，也有采用四杆形式的。典型形式为 A 型梁结构，通过若干支撑梁、杆组成的次镜支撑架直接将主镜座和次镜座连接起来，设计简洁，结构形式简单，降低了镜筒的要求。可以有效减轻系统的重量，而且整个相机的前镜身组件处于开敞状态，便于光学系统的装调和检测。支撑杆式结构可通过铸造、分体组装等方式成型。一般分体组装的支撑杆式主体支撑结构对各杆的一致性要求很高，需要具有相同的热膨胀系数。另外采用支撑杆式结构还需要在其外部设置专门的控温和杂散光抑制结构，增加了整个前镜身组件结构复杂性[19]。同时设计时需结合支撑杆结构带来的遮拦影响进行分析，确定支撑杆在通光方向的投影方向的尺寸要求。图 3-28 为三杆式主体支撑结构示意图。

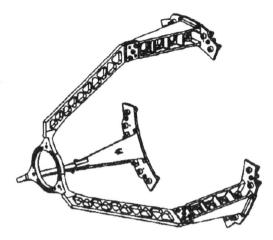

图 3 - 28　三杆式主体支撑结构

3.5　光机系统集成仿真及试验验证

　　光机系统的设计都要经过仿真和试验验证，下面简要介绍了光机系统典型的集成仿真分析以及系统试验验证的情况。

3.5.1　光机集成仿真

　　空间光学遥感器的研制涉及光学、力学（结构、机构）、热、电磁、控制等多个学科，并且产品从设计、零件研制到装配成组件以及整个相机的装调和测试需要经过不同的状态和条件，所有这些因素都会影响产品的最终使用性能。为了满足设计要求，以及避免设计中重大颠覆性的更改，对光机系统从零部件到总体进行充分的仿真分析是必不可少的[20]。

　　在光机仿真涉及的众多学科专业中，最为常用的是结构、热和光学三个专业，也就是所谓的光机热集成分析。光机热集成分析目前主要通过数据的交互实现，而数据的交互又和各个学科专业软件以及计算机硬件的处理速度和能力密切相关。随着软件和硬件的不断发展，光机热集成分析的水平和效率不断提升。比如，NASA 在 20 世纪进行多学科集成分析时，结构分析软件和计算机计算能力只能处理单元和节点非常有限的模型，而到了当今的韦伯望远镜（JWST），结构模型的详细程度、计算能力及仿真效率已经有了翻天覆地的发展，集成分析能力的提高也是 JWST 研制成功的重要关键因素之一。

　　在产品研制过程中，应该在两个阶段重点做好光机热集成分析。首先是方案论证阶段，通过初步粗线条模型的近似分析，保证系统的集成特性能够满足要求；其次在详细设计完成以后，进行一轮详细的集成分析，以期验证产品实际的集成特性并发现可能存在的潜在问题。当然，在研制的任何阶段，对发现的可能影响产品最终性能的问题和环节进行集成分析和验证也是必要的。

　　光机热集成分析典型流程如图 3 - 29 所示。主要过程为：1）根据完成设计的虚拟原理样机的几何（CAD）模型建立整机有限元（CAE）模型；2）通过对施加了温度变化和机械载荷的有限元模型进行计算，得到光学元件材料折射率变化和光学元件表面节点位移的计算结果；3）根据这些计算结果分别进行数据转换，对光学系统的性能进行评价分析；4）最后对比计算结果，如果满足指标，则进入下一个设计阶段，否则继续进行修改设计，直至满足指标要求[21]。

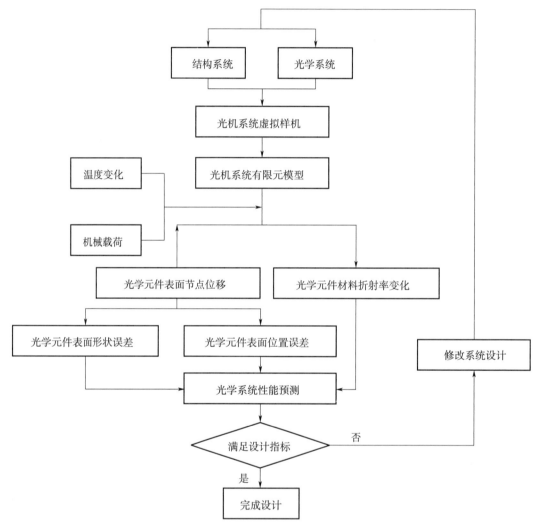

图 3-29　光机热集成分析典型流程

目前国内已经有许多用于集成分析的仿真设计平台或软件系统，其中北京空间机电研究所开发了国内第一款应用于空间光学系统研制的集成分析（SORSA，Space Optical Remote Sensor Analysis）系统。下面以 SORSA 系统为例，对光机系统的集成分析进行说明，如图 3-30 所示，SORSA 系统的光机热集成分析流程包含了光学、结构、机构、热设计分析等软件，不同软件之间采用了数据接口来进行不同学科之间的交互，最终分析结果是得到光机系统的性能指标。

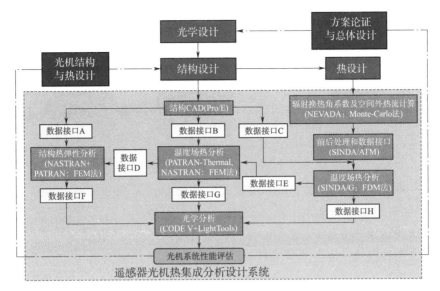

图 3 - 30　SORSA 系统光机热集成分析流程

软件在实现上采用了不同模块划分，主要模块及功能如图 3 - 31 所示，主要模块包括空间热辐射与热载荷分析、温度场热分析、结构静动力学分析、机构动力学与运动学分析、集成分析等，分析结果可以以多种形式输出。

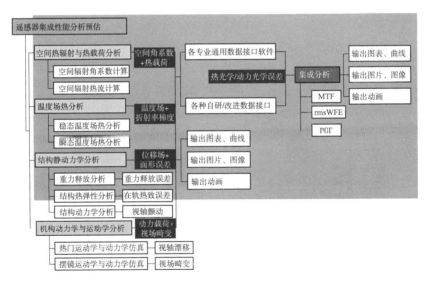

图 3 - 31　SORSA 系统中主要模块及功能

3.5.2　光机系统试验验证

空间光机系统是组成空间光学遥感器的主体，为了保证遥感器的强度、刚度指标满足要求，确保遥感器能够经受发射环境考验，入轨后正常工作，避免发生早期失效或故障，都需要开展各种地面试验验证，以提高设计的有效性，验证其可靠性和性能。

光机系统试验包括许多种类型。从试验对象上来说，空间光机系统试验可分为零部件级、组件级和整机级的测试试验。从专业上来说，有力学、热学、放气试验、辐照试验等。从产品研制阶段上来说，可以分为研制试验、鉴定试验、验收试验和准鉴定试验。研制试验主要用在产品研制阶段初期（方案阶段和初样阶段），验证产品设计是否满足设计要求。该阶段需要重点开展新材料、新工艺等的可靠性试验。鉴定试验是验证产品性能是否满足设计要求并有规定余量的试验。鉴定试验应采用代表性的具有正样产品状态的鉴定试验产品进行，鉴定试验规范的条件最苛刻，量级等于最高预示环境加上环境试验裕量。验收试验是在正样阶段检验产品是否满足飞行要求，并通过应力筛选手段检测出产品潜在的质量缺陷。准鉴定试验是在正样阶段对交付的正样产品按照准鉴定试验条件进行的试验。

力学测试和试验考察系统强度和刚度指标以及随着时间的变化情况，是空间光机系统试验的重点。考察强度指标主要是通过各种力学试验，包括正弦振动、随机振动、冲击、加速度、噪声等。考察刚度指标主要是对变形量的测量评估，包括在各种负载情况下、不同的热环境冲击下光学元件以及结构敏感部件的变形情况等。此外，随着光机系统轻量化水平的提高，重力条件下系统的变形也会愈发严重，为了评估入轨后的情况，通常会采用重力卸载的方式进行。对于高精度的机构，为了避免地面重力、摩擦等因素的影响，在性能测试的时候引入卸载机构也变得越来越重要。

热学测试和试验也是空间光机系统试验的重点。空间光机系统对于真空环境和温度环境的变化比较敏感，需要进行单独的热设计，通过合理的热控措施使各部件的温度水平和温度稳定度满足系统要求，保证在轨正常工作。此外，为了验证设计结果，需要进行热试验验证。热试验验证一般采用热平衡实验的方法，通过在真空罐中施加外热流和热边界来模拟卫星在轨的真空和热环境，在这种状态下，测试空间光学系统的性能，特别是光电性能，检验其可靠性。按照被试产品级别不同，热试验验证可以分为组件级试验和系统级试验。组件级试验的目的主要是验证组件在特定真空和温度环境下的光电性能，验证组件（如低温光学镜头）对温度的敏感性和消热设计的正确性。系统级试验的主要目的有两方面：一方面，获取遥感器温度分布等热参数，验证热控设计满足成像性能所需要保持的温度范围、温度分布、温度稳定度等热参数指标的能力，验证热设计的正确性。另一方面，检测各种温控环境工况下空间光学遥感器的光电性能。

参 考 文 献

［1］ 崔建英. 光学机械基础：光学材料及其加工工艺［M］. 2 版. 北京：清华大学版社，2014.

［2］ 韩媛媛，张宇民，韩杰才. 碳化硅反射镜轻量化结构优化设计［J］. 光电工程，2006，33（8）：123－126.

［3］ MICHEL BOUGOIN，PIERRE DENY. The SiC Technology is ready for the next generation of extremely large telescopes［C］. SPIE（Optical Fabrication，Metrology，and Material Advancements for Telescopes），2002，5494：9－18.

［4］ 赵勇志，等. 大口径透镜柔性支撑结构设计与分析［J］. 长春理工大学学报（自然科学版），2018，41（5）：7.

［5］ ABRAMS D C，DEE K，AGÓCS T，et al. The mechanical design for the weave primefocus corrector system［C］//Ground－based and Airborne Instrumentation for Astronomy V：volume 9147. International Society for Optics and Photonics，2014：91472K.

［6］ 王晓迪. 大口径透镜组柔性支撑结构设计与分析［D］. 北京：中国科学院大学，2022.

［7］ 仇善昌，饶鹏，等. 低温红外光学透镜支撑结构研究［J］. 红外，2019，40（6）：1－6.

［8］ FROUD T，TOSH I，EDESON R，et al. Cryogenic mounts for large fused silical enses［C］// Optomechanical Technologies for Astronomy：volume 6273. International Society for Opticsand Photonics，2006：62732I.

［9］ 宫辉，连华东. 大口径 SiC 反射镜背部筋板布局设计研究［J］. 航天返回与遥感，2009（2）：56－61.

［10］ PAUL R YODER. 光机系统设计，［M］ 原书第 3 版. 周海宪，程云芳，译. 北京：机械工业出版社，2008.

［11］ 陈晓丽. 空间大口径超轻型反射定位及支撑技术研究［D］. 北京：中国空间技术研究院，2010.

［12］ 史姣红，罗世魁，等. 650 mm 口径主反射镜组件结构设计［J］. 航天器环境工程，2018，35（3）：258－262.

［13］ 罗世魁，曹东晶，等. 基于表观拉压模量与剪切模量差异的空间反射镜支撑［J］. 航天返回与遥感，2016，37（1）：41－47.

［14］ 张楠，庞寿城，等. 四点球头反射镜支撑设计与分析［J］. 航天返回与遥感，2018，39（6）：64－71.

［15］ 吴清彬. 空间光学遥感器光机系统结构设计若干关键技术的研究［D］. 哈尔滨：哈尔滨工业大学，2003.

［16］ 李畅. 超宽覆盖空间相机结构设计与优化［D］. 北京：中国科学院大学，2014.

［17］ 安明鑫. 大型空间相机桁架结构稳定性研究［D］. 北京：中国科学院大学，2017.

［18］ 柴洪友，高峰. 航天器结构与机构［M］. 北京：北京理工大学出版社，2017.

[19] 王小勇，郭崇岭，胡永力. 空间同轴三反相机前镜身结构设计与验证 [J]. 光子学报，2011，40 (S1)：34 - 40.

[20] DOYLE K B，GENBERG V L，MICHEL G J. 光机集成分析 [M]. 2 版. 连华东，王小勇，徐鹏，译. 北京：国防工业出版社，2015.

[21] JOHN W PEPI. Opto - structural analysis [M]. Bellingham：SPIE Press，2018.

第4章　空间光学元件加工与检测

4.1　概述

光学加工是一门经典的技术学科，长久以来一直服务于人类社会的发展。几百年来，光学设计与光学仪器的进步不断引领和促进着光学加工技术的发展，光学加工技术从经典的手工抛光逐步转向数控加工，沉淀出越来越多的技术成果。虽然传统加工技术依然有其实用价值，但是受光学系统设计的先进性、光学元件选材的多样性等因素影响，传统加工技术已不能完全适应现代光学工程领域发展要求。

在空间光学遥感领域[1]，随着新技术的发展，由于汇集大量的新材料、新设计理念，对相关的光学加工技术的更新需求更为迫切。以空间天文观测望远镜为例，从1990年，美国哈勃望远镜（口径 $\phi2.4$ m）入轨工作，到2009年赫歇尔望远镜（口径 $\phi3.5$ m），再到詹姆斯·韦伯望远镜（口径 $\phi6.5$ m），如图4-1所示，望远镜口径持续增大，意味着观测能力持续增强，反映出人类对探索深空宇宙未知世界的无尽渴望，同时对光学加工技术提出了挑战性的要求。

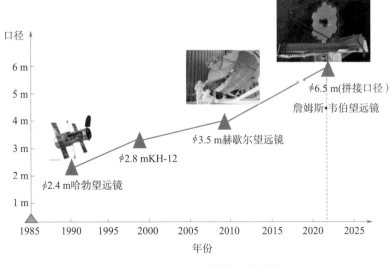

图4-1　空间望远镜代表性成果

空间光学元件的加工精度，主要服务于顶层光学设计规定的公差要求，可为后期光学遥感器的精密装调工作奠定坚实的基础。因此，光学元件加工质量的优劣直接影响空间光学系统的性能。受空间光学遥感器的光学系统及光机结构设计约束，空间光学元件已经大量采用非球面甚至自由曲面设计，其面形精度往往要达到纳米级，表面粗糙度要求2 nm以下。对于形式各异但普遍具有硬脆特性的空间光学元件而言，往往需要多种加工技术的融合才能实现高精度的加工目标。

虽然空间光学元件种类繁多，但是主要可以分为透射式和反射式两大类型。目前，空间光学遥感器中常用的可见光透射式光学元件与地基望远镜所使用的透镜在制备工艺上相比，差异不大，本章不作重点介绍。大口径、超轻量化的反射式光学元件为适应严格的系统设计约束和特殊的空间应用环境，其相关制备工艺具有显著的特点。因此，本章将主要围绕这类空间光学元件制备过程中比较有特色的加工、检测技术展开讨论。

4.1.1　空间光学元件加工技术的特点

空间光学元件的加工技术从地基光学元件加工衍生而来。相比于地面应用的光学元件，由于空间光学系统受到运载火箭载重、空间轨道复杂电磁环境辐照、在轨长时间稳定性等诸多条件限制，使得空间光学元件必须采用高度轻量化、薄型化、高面形精度等设计特点。空间光学元件在制造过程中，在技术指标要求和制造工艺上，与地基光学元件存在较大的差异，表4-1对比了空间反射镜与地面反射镜的典型性能指标情况。

表 4 - 1　空间大口径反射镜和地面反射镜对比

序号	性能指标	空间大口径反射镜	地面大口径反射镜
1	减重	轻量化率优于75%，高轻量化导致接触法加工易产生网格效应，重力变形的影响增大	反射镜一般不轻量化或轻量化率较低
2	径厚比	大于12:1；径厚比过大，反射镜较薄，易造成加工应力在载荷在轨运行时的释放	小于10:1；制造与使用状态一致，无需考虑微应力释放
3	几何参数	要求高，顶点曲率半径相对误差要求优于0.000 5，非球面系数误差优于0.000 2	要求相对较低，一般要求精度优于0.001，且某些特殊光机结构设计，可在使用过程中调整，进一步降低了加工难度
4	F 数	F数一般小于1.3，表面梯度大，加工面匹配度不高，加工精度难以提升，加工难度大	F数一般大于2，表面梯度小，易达到较高加工精度，加工难度小
5	面形精度	面形误差RMS要求高，一般需优于$\lambda/60$	面形误差RMS要求相对较低，一般情况下仅要求优于$\lambda/30$
6	膜层要求	空间环境对膜层强度及抗辐照度要求非常高，无法维护，使用寿命要求长	膜层应力及厚度均匀性要求不高，地面使用可维护性强；无抗辐照度要求

通过对比可知，空间光学元件在设计的时候，为了适应空间复杂环境、长寿命、免维护的要求，从技术要求方面开始就与地基光学元件出现了不同。虽然制造过程总体上与地基光学元件相似，但是从工艺流程、工艺方法、工艺参数等各种细节上，存在显著差异。如：为避免大口径或超薄反射镜加工过程中由工具头压力带来的网格效应，就必须探索相应的微应力加工方法；对大口径反射镜而言，自身在地面重力影响下面形就可能出现几十或上百纳米的变化，远远超过设计指标的要求，就必须在地面利用各种重力卸载装置消除重力对反射镜面形的影响；有些空间反射镜的结构形状设计奇特，必须采取特殊的消应力手段，减小镜体的内应力，提高在轨长周期的稳定性，如图4-2所示。

(a) 地面用光学元件　　　　　　　(b) 空间用光学元件

图 4 - 2　地基、空间光学元件特征比对

表 4 - 2 按照工艺流程，对空间大口径反射镜和地面反射镜加工工艺之间的区别进行了对比。

表 4 - 2　空间大口径反射镜和地面反射镜加工工艺

序号	工艺流程	空间大口径反射镜	地面大口径反射镜
1	镜坯选用	常用微晶玻璃、ULE、SiC 这三种材料，超过 1 m 口径的光学元件，更倾向于选用 ULE、SiC，这两种材料能够实现更高轻量化的结构设计	绝大多数望远镜选用微晶材料，少部分有特殊要求的会选用 ULE、SiC 微晶玻璃较易获得，具有良好的可加工性、绝佳的零膨胀特性，可以确保在地面大温差变化的情况下，稳定工作
2	轻量化	使用轻量化率或是面密度来评估镜坯整体减重比率，结构设计大多选用三角形孔、六边形孔等刚度特性较好的结构	减重比例要求较低
3	铣磨	高精度非球面直接成型铣磨工艺，后续工序加工余量小（只需去除亚表面损伤及表面波面重构），效率高	无差异
4	研抛	数控 CCOS 抛光设备及工艺，反射镜轻量化率高，易产生网格效应，导致后续收敛精度低，加工效率低	数控 CCOS 抛光或应力盘抛光，正压力加工，但反射镜轻量化率较低，不会产生网格效应，可以采用大压力、大口径研抛盘来提高加工效率
5	精修	选用微应力加工方式，如离子束、磁流变等，需对研抛阶段的网格效应进行进一步去除，过程中需要严格控制几何参数	地基反射镜可选工艺方法较多
6	检测	制造与使用环境不一致，在加工过程中需实施重力卸载，兼顾在位加工检测需求的光轴竖直检测与系统光轴竖直装调测试是目前国际主流优选技术方案，需要使用大型的隔振竖直检测塔和多点支撑工装等设施设备	制造与使用环境基本一致，卸载支撑的目的是确保大型光学元件转运、加工、检测过程的安全、稳定，确保其支撑状态具有重复性

　　此外，在整个加工过程中，为了保证反射镜的面形精度，还需要各种定制化的高精度光学、光电、机械检测技术，在一些特定的场合还需要结合光学设计、光机设计的仿真验证数据，才能确定最终的质量要求。

　　总之，为了满足在轨使用的需求，空间光学元件从设计开始，就需要与加工制造工艺技术紧密结合，不同的结构设计、工艺路线、加工设备，直接决定了最终的光学元件加工精度，决定了能否满足在轨使用需求。为了能够顺利制造出满足空间光学高精度、高稳定、高可靠需求的空间光学元件，相关的光学加工技术已不仅仅局限于加工工艺，更延伸到了光学材料、结构力学、光学检测、可靠性设计与验证等专业领域，成为一个涉及多学科、多专业的综合性课题。

4.1.2　空间光学元件加工技术的发展历程

现代光学加工技术经历了长时间的演化改进，以及其他领域的科学技术综合发展，最终发展成了一门涵盖光学、机械、有限元仿真、机电一体化等多学科的综合技术。为了更好地定义，我们简单将其分为三个阶段，如图 4-3 所示。

第一阶段加工技术，是以粗磨配合工艺人员的手工精抛为特征的范成法，搭配依靠人员经验的刀口仪检测方法，实现光学元件加工。这类工艺方法的特点是对加工设备的依赖性不强，但是对人员技能经验要求高，加工全过程都需要加工工艺人员依据经验判断，缺少量化评估手段，面形加工精度能够实现 RMS 值达到 60～200 nm。该种方法对人员的技能水平要求非常高，一个熟练掌握技巧的成熟技能人员成长周期至少需要 3～5 年。受制于技能人才培养难度以及手工作业固有的不确定性，想要实现批量生产困难极大。

第二阶段加工技术，在数控机床成熟应用的基础上发展而来，科研人员以数控机床为精密移动平台，在该平台上加载各种类型的工具头，实现了铣磨、研磨、抛光三个阶段的数控加工，配合三坐标、干涉仪等现代检测手段的应用，已经初步具备了全流程量化可控加工的工业基础[2,3]。但是由于加工技术理念还是由使用数控平台替代人手驱动磨盘的升级而来，在材料去除原理上并无创新。受益于检测技术的发展，高精度干涉仪的应用，配合具有成熟经验的技能人员在最后阶段进行定点手修，依然实现了光学元件加工精度的极大提升，面形加工精度能够实现 RMS 值达到 20～60 nm。

第三阶段加工技术，在计算机辅助仿真分析与新的材料去除原理应用基础上发展而来，数控机床普遍具备可控编程的控制中心，配合计算机对测试数据的仿真计算，通过控制磨头驻留时间长短来实现高精度定量化去除加工。同时，大量的微应力、定量化、高精密加工技术手段持续开发并成功应用，如磁流变、离子束、水射流、应力盘、气囊、单点金刚石车等技术，都已经应用到了超精光学元件的加工过程中，有效地减少了对于人员的依赖。超高精度光学元件得以实现，面形精度提升至 RMS 值优于 6 nm，而且加工过程全部量化可控，反复迭代次数少，周期可控。

第一代：范成法粗磨手修　　第二代：数控铣磨，研抛　　第三代：全链路数控加工

图 4-3　光学加工技术发展趋势

通过计算机辅助来进行光学加工可以使光学加工过程更加规范和准确，有效地将高级

技能人员的丰富经验定量化、程序化，实现由计算机来驱动数控设备进行加工，使这些经验可以更快捷方便地应用在不同加工场合，加工过程的可控性与可靠性都得到了很大提升，计算机控制（Computer Controlled Optical Surfacing，CCOS）[12]就是在这样的背景下诞生的。CCOS 系统原理图如图 4 - 4 所示。

CNC 自动控制抛光加工技术，即计算机自动控制抛光加工技术，可以用来解决非球面光学元件的抛光和研磨困难的问题，它起源自 CCOS 的表面光学成型技术。目前较成熟的常用的数字计算机控制非球面抛光技术有：计算机自动控制应力盘抛光（CCSL）、离子束抛光、磁流变抛光、射流抛光、气囊抛光、浅低温应变抛光、弹性发射式加工抛光（Elastic Emission Machining，EEM）等等。

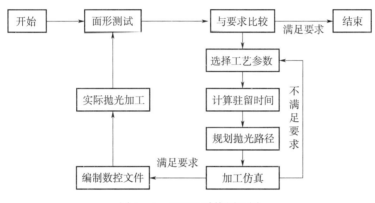

图 4 - 4　CCOS 系统原理图

基于 CCOS 理念，现代光学加工设备具备基于数控化设备进行开发的理论条件。尤其是可编程六轴机械臂在工业制造领域大规模的使用，光学加工领域也陆续出现了基于六轴机械臂进行二次开发的研抛设备，通过使用去除函数反卷积演算驻留时间和加工轨迹的研抛加工原理，实现了以较低精度机床配合算法，可以加工超高精度山光学零件的可能，使得高精度光学加工产业初步具备产业化的基础，形成了向智能制造方向发展的硬件基础，如图 4 - 5 所示。

图 4 - 5　基于六轴机械臂开发的光学加工设备

空间光学加工技术作为现代光学件加工技术的一个分支，其实在单个的技术层面上并无区别，而是更多地体现在技术实现流程上。为了应对发射重量限制、空间环境条件、无法维护等外部条件，工艺人员选定的实现途径，需要更多地综合考虑天地一致性、长寿命周期、高精度加工等额外要求。这些额外的特殊要求，促使了空间光学加工技术领域的发展与技术更新。

4.1.3　空间光学元件加工的技术路线

光学元件的加工路线通常是以工序进行划分的，一个光学元件从毛坯到最终的成品，主要经历铣磨加工、研抛加工、镀膜三个阶段。对于空间光学元件的加工而言，虽然基本的流程与之相似，但是也有其特殊性，这主要是由元件的设计形式（选材、构型）要求多样化，以及后期不同单位加工时采用的加工或检测设备的不同而造成的。

例如，受结构设计的约束，一个微晶大口径的反射镜元件，镜坯阶段就必须采用铣磨的轻量化方式进行减重（见图 4 - 6），而对于相同的碳化硅反射镜镜坯则可以采用直接热压成型的方式，换作 ULE 材料，则可以利用高温熔接的方式实现。

图 4 - 6　高减重比光学元件

图 4 - 7 显示了一般高精度反射镜的加工技术路线，各工序层中所涉及的技术往往并不单一，这与其采用的设备密切相关。

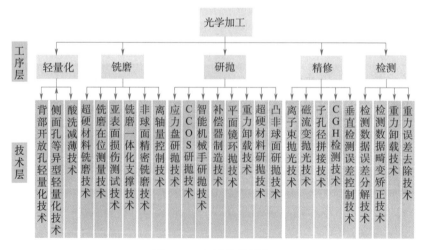

图 4 - 7　加工技术路线

全链路数字仿真及定量加工如图 4 - 8 所示。

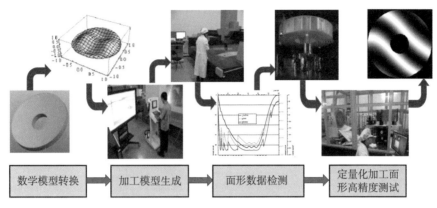

图 4 - 8　全链路数字仿真及定量加工

由于本章更关注于空间光学元件的制造工艺，其他与地基光学元件差异不大的工艺技术将不再展开介绍，同时后续章节也将把更多的篇幅用于讨论介绍空间光学元件较有特色的部分。

4.2　镜坯成型及轻量化技术

极致的镜坯减重结构设计，会导致镜坯结构刚度下降，导致加工困难，加工精度收敛缓慢。但是在空间光学元件的制造过程中，轻量化却是必须要采用的工艺环节之一[4]。

空间光学系统、机载光学系统、激光武器光学系统和天文观测望远镜的反射镜口径不断增大，引起一系列的技术问题需要解决。一方面，反射镜因自重而引起的镜面变形将严重影响到系统成像质量，同时大口径反射镜的重量也严重影响到整机系统的总体性能。对于空间系统来说反射镜的自重不仅增大了发射成本，而且更增大了发射技术难度。另一方面，反射镜因环境温度变化及镜体温度梯度的出现而产生的镜面热膨胀变形也明显增大，严重地影响着系统的热稳定性。这种情况在空间光学系统中显得尤为突出。

评估光学元件减重幅度的指标，以往习惯用轻量化率来进行表征，其定义是完成减重孔加工后的镜坯重量除以原始坯料的重量，一般用百分比表示。随着超薄镜加工技术发展及应用，再使用轻量化率来评估减重水平会存在无法准确评估的困难，比如一个超薄镜坯，不做任何的减重设计和加工，比起同等口径采用减重设计的镜坯结构，重量能够至少再降低 1/2，极端情况甚至能够做到 1/10，而它的轻量化率是 0%，因为它没有任何的减重孔，没有任何去除材料。因此采用面密度就更为科学一些，其定义是镜坯重量除以镜面工作面积，其量纲是 kg/m²，该指标很好地规避了轻量化率这一指标的缺陷，能够更加具备普适性，适用于所有需要进行减重评估的镜坯。目前常规的遥感器光学元件的结构减重设计水平，面密度指标约为 50 kg/m² 左右，更低面密度的镜坯结构及其配套的加工技术也在持续发展，NASA 制订的下一代空间望远镜（NGST）$\phi 6.5$ m 口径的主反射镜面密度计划达到 15 kg/m² 以下[5]，反射镜结构设计、材料制备和加工的发展使得反射镜轻量化技术取得了长足的进步。

空间用反射镜常用材料有微晶玻璃、ULE、SiC 这三种[6]，由于镜坯制备工艺各不相同，轻量化加工的工艺步骤和流程也各不相同。三种常用空间光学材料轻量化结构优缺点见表 4-3。

表 4-3　三种常用空间光学材料轻量化结构优缺点

材料	轻量化形式	极限面密度/(kg/m²)	优点	缺点
微晶玻璃	背后开孔、侧向开孔	80	大尺寸镜坯工艺成熟，镜坯最大直径可达 8 m；线膨胀系数可以做到 0.005×10⁻⁶，比 ULE 高两个数量级	整体减重比不高，减重效率不高；背后开孔的形式容易造成镜坯结构稳定性差；必要时需要使用酸洗工艺，以减少亚表面损伤
ULE	蜂窝夹芯	30	可以使用小镜片通过熔焊工艺获得大尺寸整体镜坯，减小镜坯原料的研制难度；封闭的夹芯结构力学稳定，减重比高；线膨胀系数相对较好	整体镜坯采用熔焊工艺，焊接应力不均匀，整体镜坯存在各项异性的隐患，对于退火工艺提出了极高要求；镜坯焊缝不能保证 100% 密封，在用铣磨加工非球面时，机床的冷却液容易通过缝隙进入镜坯内部，进而造成后续镜坯污染；轻量化形式几乎只能是夹芯结构，无法给予设计师更多发挥空间
SiC	背后开孔	20	材料自身力学特性好，可以通过拓扑优化，获得极高减重比；结构形式可以多样化，特别是 3D 打印 SiC 工艺成熟，设计师有极大的想象发挥空间	最终的烧结工艺，会造成镜坯整体外形尺寸不同的收缩比，容易形成内部应力；同时造成最终镜坯的轻量化结构轮廓尺寸与设计值相比，存在较大的偏差，进而造成重心偏移，为后续高精度的重力卸载设计制造困难

4.2.1　微晶玻璃镜坯

微晶玻璃镜子的轻量化主要通过钻削和铣磨来完成，该方法可以实现质量减轻 50% 的极限设计。针对微晶玻璃的机械钻削减重法，采用在背部钻孔的轻量化设计方案工艺较简单，机械钻削是较早使用的轻型镜制作方法，它通过机械钻削方法将镜子的多余部分去除以实现镜子的轻量化，这种方法加工的轻型镜通常是背部开放型结构。

在采用数控铣床进行轻量化以前，这种方法由于钻削工具容易使轻量化孔壁受到挤压而造成镜坯受损，所以设计轻型镜结构时反射板与轻量化孔壁的厚度不能很小，这严重限制了镜子的减重效果。随着数控技术的发展，特别是采用数控车床以及超声波加工方式进行铣孔加工，可以有效地提高轻量化孔的形位精度和加工作业的可靠性，这种方法加工轻型镜的减重率得到了大幅度的提高（见图 4-9、图 4-10）。

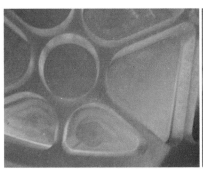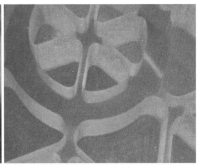

图 4 - 9   常规轻量化孔

图 4 - 10   五轴铣削加工中心

4.2.2   超低膨胀石英玻璃镜坯

ULE 是一种二氧化钛—硅酸盐玻璃，其绝对热膨胀系数（mean CTE）在 5~35 ℃内极低[7]，因此热稳定性极好。同时 ULE 密度小，冷热加工性能良好，材料制备、光学加工和工程应用也较成熟。

对于 ULE 反射镜，通常采用蜂窝夹芯式轻量化结构，由镜片上下面板和中间的蜂窝结构组成，按照图 4 - 11 所示的加工流程分 3 次进行，即可制作出这 3 部分。对于镜坯的轻量化，主要是制造中间的多孔蜂窝结构[8]。

随着加工技术的发展，ULE 镜坯的蜂窝夹芯层制备方法有了新的选择，高压水切割就是目前应用比较成熟的加工技术。高压水射流切割技术很大程度上靠各种物理动能的相互作用和相互转化来完成。随着高压水射流切割系统的不断更新发展，经过增压装置加工后，从喷嘴处射出的水速度相当快，甚至可以达到声速的 3 倍。这种高速的冲击力可以切割多种材料，比如大理石、陶瓷，一些质地较好的金属等硬质材料，泡沫、塑料、橡胶等软质材料，还有玻璃等脆质材料。经过高压水射流切割后，切口处的材料结构组织性能不会改变。同时，由于高压水射流是一种具备"冷""软"等加工性能的技术，所以在切割的过程中没有传统切割机产生高热能的问题，故而被切割的材料也不会发生热变形[9]。

如图 4 - 12（b）所示，蜂窝夹芯层从一个实心镜坯整体切割成蜂窝状，未采用熔接的工艺，正是有上述优点，使用高压水射流切割 ULE 材料，相比铣磨的去除材料加工方式，

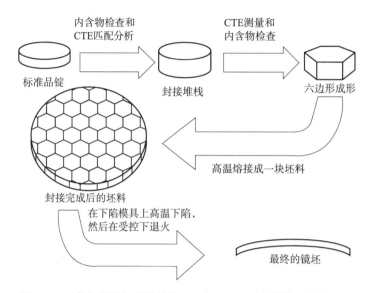

图 4-11　康宁公司六边形封接 8 m 级 ULE 反射镜镜坯制造流程

能够实现快速高效、安全的材料切割。相比于以往蜂窝夹芯每一个蜂窝都需要通过熔接拼焊而成，高压水射流切割出来的蜂窝夹芯，轮廓尺寸规整，更加贴合设计理论模型，且有效地减少了熔接焊缝，保证了蜂窝夹芯的高可靠性。

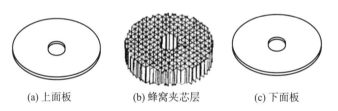

(a) 上面板　　　　(b) 蜂窝夹芯层　　　　(c) 下面板

图 4-12　蜂窝结构的 ULE 镜坯

在 ULE 镜坯各部分分别完成加工后，还需要以熔接的形式，拼接成整体镜坯。镜坯的熔接主要有如下三种方法：

1）高温熔接法。对于高温熔接过程，各部分玻璃镜片都放置在氧气炉内。氧气炉预热到临近退火温度，之后快速将温度提升至约 1 700 ℃，持续数分钟后再降温到退火温度，最后以可控方式降温到室温。这种熔接方式所需温度较高，加工过程中面板会下沉到蜂窝的中心，导致厚度发生变化，夹芯结构中的孔壁结构也会出现弯曲，最终前后面板和夹芯结构出现一定变形。为了使变形最小化，高温熔接与其他连接技术相比，需要的镜片质量最大。

2）低温熔接法。低温熔接的温度仅略微高于玻璃材料的退火温度。进行低温熔接的表面必须抛光并且具有匹配的面形。熔接过程如下：首先将已抛光的镜片放置于电熔炉中，将各部分镜片熔接在一起，然后将镜坯退火。低温熔接中，镜片变形极小，所以使用低温熔接技术可以制造具有非常低的面密度的轻量化镜坯。低温熔接的熔接强度高于高温熔接。

3）熔接物封接法。使用熔接物封接，其夹芯结构轻量化率可达 98%。进行熔接物封接前，需要清洁镜片并进行表面酸蚀。封接物是一种玻璃粉和有机物的混合物，熔接物的热膨胀特性必须与镜片高度匹配，以使残余应变最小，这样才能制成结构强度高的镜坯。镜片被放置在电熔炉中进行熔接，熔接物的加热温度低于玻璃的退火温度。熔接物封接的强度可超过 3.45×10^7 Pa。

4.2.3　碳化硅镜坯

碳化硅（SiC）材料的镜坯制备具有特殊性，其轻量化加工与镜坯制备一体完成，镜坯在烧结前，需要经过浇注成型、毛坯加工等工艺方法，轻量化结构在浇注阶段就已经形成，后续通过常规铣削加工的方式精加工，获得图纸所要求的精确尺寸。

SiC 反射镜坯体的制备方法主要有：反应烧结法（Reaction Bonded，RB）、常压烧结法（Sintered）、热（等静）压烧结法（Hot Press/Hot Isostatic Press，HP/HIP）等[10,11]，其中 RB 是目前被多数国家采用的制造 SiC 反射镜坯体的优选方法。无论选用何种烧结工艺，其镜坯的形状已经先行完成加工，烧结仅仅是为了让 SiC 材料到达最优的力学性能，以满足结构设计的要求。SiC 镜坯制造主要流程，如图 4 - 13 所示，SiC 反射镜坯体烧结方法对照，见表 4 - 4。

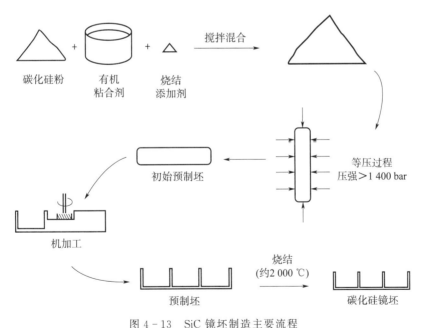

图 4 - 13　SiC 镜坯制造主要流程

注：1 bar＝10^5 Pa。

表 4 - 4　SiC 反射镜坯体烧结方法对照

烧结方法	反应烧结	常压烧结	热(等静)压烧结
尺寸、形状	大尺寸、复杂形状	大尺寸、复杂形状	小尺寸、简单形状
生产数量	大批量	大批量	很少
致密度	近乎完全致密	不很高	很高
坯体收缩程度	无收缩，近净成型	15％左右	15％左右
烧结温度	低(1 500 ℃左右)	高(>2 000 ℃)	高(≥1 800 ℃)
工艺	简单	简单	复杂
生产周期	短	短	长
生产成本	低	较低	高
是否存在游离 Si	是	否	否

（1）反应烧结法

RB 制备 SiC 的研究始于 20 世纪 50 年代，由美国 Carbo—randum 公司的 P. Popper 等研究成功，其基本原理是：采用具有反应活性的液态 Si 在毛细管力的作用下浸渗含 C 的多孔反射镜预制体，并与其中的 C 反应生成 SiC。新生成的 SiC 原位结合预制体中原有的 SiC 颗粒，浸渗剂填充预制体中剩余的孔隙，得到近乎完全致密的 Si/SiC 反射镜毛坯。

（2）常压烧结法

该方法又称无压烧结，是美国 GE 公司的 S. Prochazka 在 1974 年研制的，即在高纯度的亚微米 β - SiC 细粉中同时加入少量的 B 和 C 作为烧结助剂，在无任何外部压力的条件下，将 SiC 粉末烧结成型。

（3）热（等静）压烧结法

20 世纪 50 年代中期，美国 Norton 公司的 R. A. Alliegro 等开始研究 SiC 的 HP，即通过施加单向压力或等静压力，在合适的温度—压力—时间制度下将 SiC 粉末烧结成型。该方法广泛用于制造激光器件中的 SiC 光学元件。这种材料显微结构均匀，经光学加工后可以得到亚纳米级的表面粗糙度。

4.3　微应力高精度精修技术

光学抛光一直是获得较好表面质量的主要加工方法，最初的抛光技术主要依靠操作人员的经验与手工技术，随机性较强。现代先进光学制造技术已经发展为利用物理模型来体现加工机理，利用数学模型来描述加工过程，利用计算机控制来实现确定性加工的新型工艺，其主要特征在于多学科交叉、超精密化以及可重复性加工。

目前，非球面光学元件快速成型、粗磨加工以及精磨加工过程中大量应用了数字计算机控制加工设备，从而对非球面光学元件表面进行抛光。由于 CNC 自动控制技术不断被广泛应用，精密光学抛光技术正在向着更加确定的方面发展。

在空间光学加工领域，又有比较特殊的要求：1）由于每年航天器运载火箭的发射窗口时间比较固定，因此空间光学遥感器产品研制的计划节点控制要求严格，这就意味着空间光学加工需要尽量使用定量化加工技术，以确保加工周期、精度可控；2）由于追求极致轻量化，导致光学元件刚度较弱，使用常规的正压力加工方法会产生网格效应（见图 4 - 14），因此，在最后的精加工阶段需要使用微应力加工方法，如磁流变、离子束、流体射流等，尽量消除、减弱网格效应的负面影响，以便提升光学元件的加工精度。

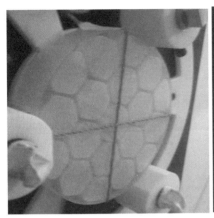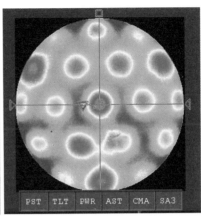

图 4 - 14　网格效应

4.3.1　磁流变抛光技术

　　磁流变（Magnetorheological Finishing，MRF）技术出现于 20 世纪 90 年代初期，由 W. I. Kordonski，I. V. Prokhorov 及其合作者提出，将电磁学与流体动力学理论相结合并应用于光学加工中。1995 年美国 Rochester 大学的光学加工中心（COM）利用 MRF 技术开始研制具有实用性、商业型的 MRF 光学加工设备。

　　磁流变抛光概念，由 W. I. Kordonski 与美国罗彻斯特大学光学加工中心的 Jacobs 等人提出[13-16]，并通过实际验证，其表现为通过磁场控制磁性磨料液体，并使磁性磨料液体附着在磨轮上，利用液体的流变性，使得附着磨料液体的磨轮，具有一定的刚性，可以类似常规抛光轮通过磨削的方式抛光加工镜面，同时又因为是液体，磨削过程可以时刻保持磨轮表面的形貌不变，避免了常规抛光轮因磨削造成的磨损，进而导致无法保持去除函数稳定性（见图 4 - 15）。

　　磁流变抛光技术是一种可控柔体加工技术。磁流变是多个学科交叉出现的新的光学抛光加工技术，涉及光学、电学、电磁学、流体力学、分析化学、机械设计、自动控制及误差分析等多种学科。但是精度控制较高，通过工艺设备保证去除效果更加稳定，通过加工束流的驻留时间控制，能够实现纳米量级的定量化去除，一般都用于精加工的范畴。能量束流的加工方式具有微应力、精度高的特点，加工过程不会对镜面造成额外压力，不会造成网格效应，加工束斑直径小，有利于高精度面形加工，能够有效减小前期压力加工带来的网格效应。

　　与传统抛光方法相比，MRF 具有以下优点：

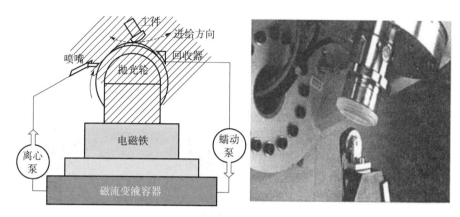

图 4 - 15   传统的磁流变抛光原理

1) 抛光盘无磨损，抛光特性稳定；

2) 可以制造复杂形状的表面，如：球面、非球面及非对称的自由曲面。

同时 MRF 技术也存在以下缺点：

1) MRF 技术可以抛光任意曲率半径的凸曲面，但不能加工曲率半径较小的凹曲面。例如：当前 COM 制造的 MRF 数控抛光机的抛光毂轮最小直径为 25 mm；

2) 另外应用 MRF 技术修抛时，由于材料的抛去量较小，对被修正表面的面形精度要求较高，一般精度在 1～2 波长之间。因此在应用 MRF 前，被抛光表面需要采用传统工艺进行预抛光处理。

4.3.2   离子束修形技术

离子束加工技术[17]是一种非接触加工方式，不存在其他加工方法中的工件磨损、边缘效应、工件负载应力、法向间隙精度要求高等一系列问题，所以作为一种有效的、灵活的、可控的光学元件最终面形加工手段受到了世界各国的广泛关注。其基本原理是由计算机控制的五轴精确定位系统控制离子束在待加工光学元件表面的运动轨迹和驻留时间，在离子束相对于待加工光学元件运动过程中，惰性离子束和光学元件表面的原子发生物理溅射作用，使部分光学材料从光学元件表面移除。按照合理的加工路径和优化计算的驻留时间函数，期望的面形可以被加工出来。

离子束修形（IBF）的原理是利用离子源发射的离子束轰击光学镜面时发生的物理溅射效应，达到去除光学元件表面材料的目的。如图 4 - 16 所示，加工过程使用聚焦离子源发射出的离子束轰击光学镜面，轰击过程中，当工件表面原子获得足够的能量可以摆脱表面束缚能时，就会脱离工件表面。

离子束修形所使用的离子源是由美国的 Kaufman 博士首先设计，用于光学元件加工的聚焦离子束，经过聚焦之后的离子束束流密度一般呈高斯分布，所以离子束加工中的去除函数一般也呈高斯分布。

由试验得到的去除函数分布如图 4 - 17 所示，去除形状具有良好的高斯分布，验证了

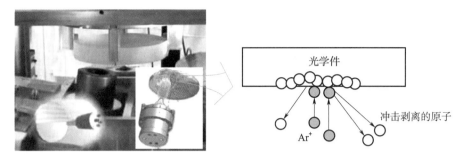

图 4 - 16 离子束修形原理

去除模型的准确性。同时离子束垂直入射加工时，去除函数对表面曲率和入射角度定位偏差都不敏感。在表面曲率变化时，或存在一定入射角误差时，去除函数仍能保持原来的形状，去除函数保持形状稳定性的这种性质称为去除函数的保形性质。具有保形性质去除函数的工艺在加工非球面时将会具有巨大的优势[18]。

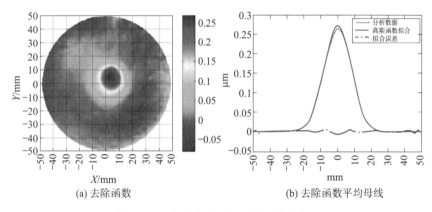

(a) 去除函数   (b) 去除函数平均母线

图 4 - 17 离子束去除函数形状试验结果

独特的材料去除原理决定了离子束修形具有以下特点：

1) 原子量级的精度：离子束修形基于物理溅射效应，工件表面材料在原子量级上去除，抛光可以达到原子量级的加工精度。

2) 去除函数形状好：去除函数一般是高斯型分布的，是确定性抛光工艺中最理想的去除函数，经过试验验证，是目前所有加工去除函数仿真算法中收敛效果最好的。

3) 去除函数稳定：离子束加工过程中，去除函数由电气系统控制产生，只要控制系统自身稳定，去除函数几乎不会发生变化。常规的磨盘加工，压力、附着磨料、沥青软硬、磨盘磨损不均等因素会造成去除函数不稳定。离子束加工过程的去除函数几乎无变化，确保了高精度的定量化加工以及极高的收敛效率。

4) 无边缘效应：非接触式的加工，加工应力几乎为零，加工镜面边缘时，不会发生边缘受压而产生崩边的质量风险，同时去除函数保持高度稳定，边缘区域与其他区域加工效果一致。

5) 非接触式加工：加工过程是非接触式加工，加工中工件不承受正压力，适宜加工轻量化镜，能够有效减小网格效应。

同时，离子束抛光也有一些不利的因素，主要有：

1）材料适应性小：由于离子束加工是高能束流轰击工件表面，会引起工件表面温度升高，会使热膨胀系数较大的光学材料（例如 K9 玻璃）受热炸裂，热膨胀系数较低的光学材料（例如 Zerodur、ULE、石英玻璃）可以加工；同时加工过程产生的高温现象，会使光学元件处于高温状态，对于已经预先与结构件完成粘接的光学组件，需要控制加工能量，做好导热措施，确保加工形成的热量累积不会造成胶接层失效。

2）材料去除效率低：离子束对工件表面材料进行原子量级的去除，一般去除函数的峰值去除速率只有一分钟几十至几百纳米，且对应不同材料，去除效率也各有不同，尤其是对于 SiC、蓝宝石等超硬材料，加工时间、能耗将成倍增加，因此离子束加工只能作为光学加工工艺中最后一个提升最高精度的加工工序环节，其他环节还需要更多的加工技术进行补充。

3）破坏表面粗糙度：离子束的加工原理导致了在多次加工工件表面以后，工件表面的粗糙度指标呈雪崩式变化，尤其是应用在超光滑加工领域时，必须要通过工艺手段，确保离子束加工的入口精度，尽量减少离子束的加工次数，或者是多次离子束加工后，需要通过常规的抛光手段，提升表面粗糙度后，再次进入离子束加工。

4.3.3　流体射流抛光技术

流体射流抛光（FJP）加工技术相比其他抛光加工技术具有独特的优势，比如抛光工具为射流束，对面形曲率变化具有很好的适应性。射流束直径由喷嘴出口直径决定，一般选择 0.3～2 mm，去除函数的边缘梯度变化大，影响区小，所以可以进行小尺寸范围内的抛光和表面纹理的去除，或对微小结构进行修形（见图 4-18）。

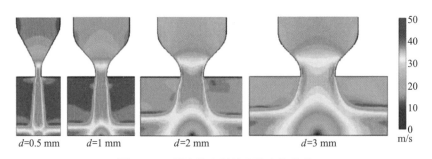

图 4-18　射流抛光材料去除流体模型

流体射流抛光加工技术最早可以追溯到采用高压水作为加工介质应用于矿石开采和切割。其发展过程也经历了从采用高压、超高压纯水到采用混合磨料的高压磨料流进行加工的演变过程。采用纯水射流加工时，射流压力一般达到 100 MPa 以上，有研究表明，为了提升纯水射流的切割能力，压力甚至达到上千兆帕。后期研究发现，通过在纯水中添加硬质磨粒，可以极大地提升射流的切割能力，从而降低对射流工作压力的要求。

荷兰代尔夫特大学的 Oliver W. Fahnle 等人于 20 世纪末，首先提出了采用流体射流进行抛光加工的工艺，并通过实验将研磨后 BK7 样品的面形精度 RMS 从 350 nm 降低到 25 nm，同时保持表面粗糙度 RMS 为 1.6 nm 不变，从而验证了将磨粒水射流技术应用于光学抛光加工中进行定点修形和复杂表面抛光的可行性。实验也揭示了射流点去除宽度和去除深度随射流时间和射流压力的变化趋势。

关于射流加工中的材料去除机理，一般认为是由冲蚀磨损引起的。冲蚀磨损是指气体或液体等介质中的固体小颗粒以一定速度和角度冲击工件表面引起材料去除的现象。根据工件材料物理性能的不同和粒子冲击特点的差异，研究人员提出了多种材料冲蚀磨损去除的理论。冲蚀磨损研究的目的，一方面是避免冲蚀磨损引起功能零件失效，另一方面是采用冲蚀磨损作为一种机械加工手段，比如喷砂、抛光。通过与其他抛光加工方式进行对比可以发现，流体射流抛光技术在具有明显优势的同时也具有抛光效率低的劣势，如何最大可能地发掘 FJP 的加工潜力和找准该加工技术的适用环境，将直接决定该加工技术的发展方向和发展潜力以及未来的产业化应用广度。

射流抛光的去除函数模型为 W 形，并非理想的高斯模型，国内很多学者研究了不同工艺参数对水射流加工精度的影响[19]，认为射流集中度、靶距、喷嘴结构都对水射流加工的精度有较大影响。在接近极限精度时，W 形去除函数使用常规的反卷积算法，无法实现极限收敛，相较于高斯函数，略有缺陷，如图 4 - 19 所示。

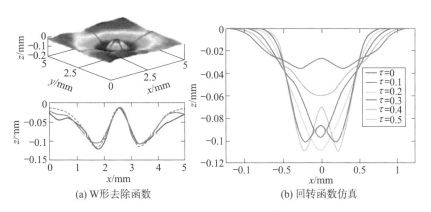

(a) W形去除函数　　　　　　　(b) 回转函数仿真

图 4 - 19　射流抛光的去除函数模型

射流抛光设备如图 4 - 20 所示。

从事射流抛光技术研究的部分专家，致力于工具头的研究，如国防科技大学根据磨料水射流工艺的特点，研发设计了旋转式抛光系统，分析得到垂直和倾斜状态下射流对材料去除的理论模型；中国工程物理研究院搭建了磨料水射流实验抛光平台，提出高斯型去除函数形态调控方法，并建立了旋转扫掠数学模型；长光所开发了微射流抛光加工技术，该方法可以对超光滑加工后的表面进行进一步的光滑处理。对离子束抛光后的表面进行超光滑微射流加工实验，该方法可以实现超光滑的均匀抛光，并且面形精度、表面中高空间频率和功率谱密度都得到了降低；合肥通用机械研究院通过制造五轴联动龙门机床和工件装

图 4 - 20　射流抛光设备

夹工作台组成多功能水射流加工平台；开发了七轴五联动水射流加工平台数控系统，并与水射流机组控制系统集成，形成一体化多功能水射流加工数控系统；最终集成研制出多功能水射流加工装备。

采用射流抛光加工表面成果展示如图 4 - 21 所示。

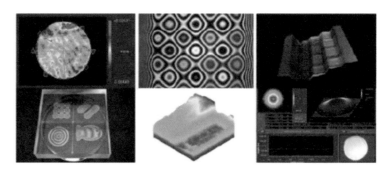

图 4 -21　采用射流抛光加工表面成果展示

在射流加工的技术理论基础上，将抛光液换成磁流变抛光液，并通过施加轴向磁场，能够有效地将射流束径，在较长的射流距离上，仍然保持较好的束流形状，这一技术被称为磁射流抛光技术（Magnetorheological Jet Polishing，MJP）[20]，相对于普通的射流抛光机，非常适用于加工大长径比的零件表面，在喷头难以深入的零件凹面里，能够保持高精度的定量修形，如图 4 - 22 所示。

射流抛光由于抛光工具小，尺寸在毫米尺度，非常适合于微小结构或内腔等复杂结构的抛光，用于精修空间光学元件残余的网格效应是非常合适的技术手段。射流抛光技术由于其较低的材料去除率而限制了更广泛的应用，未来可以通过结合其他辅助加工技术，比如超声波、激光等，来进一步扩展射流抛光技术的加工能力范围。

常规水射流　磁射流关闭磁场束形　磁射流开启磁场束形

图 4-22　磁射流抛光装置及磁场射流束变化

4.4　检测技术

光学元件加工精度的提升不仅仅依赖于光学加工技术的发展，更依赖于光学检测技术的发展，现代光学加工技术都是以数控机床为基础，配合各种工具头，可以实现点对点的精确定量加工，如果把光学加工技术比喻为一把高精度的狙击枪，那么光学检测技术就是瞄准镜，没有瞄准镜，再高精尖的狙击枪也无法精确击中目标。同理，没有先进的光学检测技术去获得高精度的检测数据做指导，数控抛光也将因为缺乏基础数据，而无法展开加工，可以说两者是相辅相成的。

光学检测技术本身就是一门基础学科，相关的教科书、技术文献、研究论文等资料汗牛充栋。受本书作者水平和篇幅所限，本书中介绍的光学检测技术主要针对反射镜加工过程中所经常使用到的检测方法，系统地梳理了反射镜加工全流程所需要检测的各种关键指标、对应的检测方法，以及较为常用的数据处理方法。

4.4.1　光学元件各阶段检测方法

以大口径非球面反射镜加工为例，加工过程大致可以分为铣磨、研磨、抛光、精修等四个加工阶段或者是工序。光学元件经过这四个工序，面形精度由镜坯的毫米级逐渐收敛至最终零件的纳米级精度。因此各个阶段所用的检测方法、检测精度、检测要点各有不同，需要选用合理检测方法以实现检测精度有效衔接，才能指导加工精度的逐级收敛，如图 4-23 所示。加工各阶段检测精度衔接，见表 4-5。

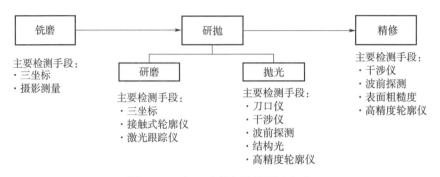

图 4-23　加工过程各阶段测试方法

表 4-5　加工各阶段检测精度衔接

序号	加工阶段		检测重点	检测精度要求
1	铣磨		轮廓外形尺寸控制	$1 \sim 5\ \mu m$
2	研抛	研磨	光学表面面形、几何参数	$0.3\ \mu m$ 亚微米精度
		抛光	光学表面面形	$20 \sim 50\ nm$
3	精修		光学表面面形、粗糙度	$0.6\ nm$

4.4.2　轮廓几何测试法

轮廓测试目前最常用的方法是三坐标法，相关的设备非常成熟，目前最高精度的计量级三坐标，能够实现亚微米级的检测，在光学加工领域，其检测精度与干涉仪的检测精度能够实现很好的衔接。

通过采集被测面上的点坐标数据，实现面形拟合，采集点数量越多，测试时间越长，测试结果的干扰误差越大，尤其是在接近三坐标测试极限精度时，设备自身的系统误差与环境干扰误差综合影响越大，使用该测试数据时，建议结合加工前后的数据比对，减少误判。

为了实现高速、高精度的测试，目前常用的还有摆臂轮廓仪、激光跟踪仪、非接触式轮廓仪等测试设备，数据采集方法各有不同，但是最终都是通过采集镜面的空间点的坐标数据，然后拟合获得镜面面形误差，如图 4-24 所示。

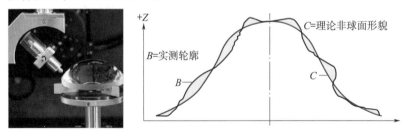

图 4-24　三维轮廓测量仪及拟合

其中非接触式轮廓仪已经出现高精度的商业化产品，其测试精度已经能够达到 RMS 优于 15 nm，已经能够部分替代干涉仪的检测功能，尤其是在某些测试精度不是极高的需求下，如红外光学零件等，其适应性还要优于干涉仪。

4.4.3　干涉测试法

高精度光学面形检测，检测精度最高的方法目前是干涉测试法，基于干涉测试法原理研制的干涉仪是必不可缺的仪器设备，虽然干涉仪本身的工作原理有多种类型，如费索型、泰勒型等，干涉仪内部的技术原理、光机构造各有不同，但是都能实现 RMS 优于 0.6 nm 的测试精度。

需要注意的是，目前成熟的商用干涉仪，只能出射标准的平面波和球面波，因此在测试非球面时，需要使用补偿器[21,22]进行波前转换，如图 4-25 所示。相应的，也就意味着补偿器设计、制造精度会最终影响到非球面的检测结果，需要注意系统考虑，合理设计。

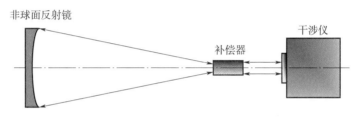

图 4-25　非球面测试光路

4.4.4　常规检测数据处理要点

三坐标测量外形尺寸及非球面面形。然后进入研磨阶段，经历粗磨、细磨，在加工过程中分阶段用三坐标测量面形误差，当 PV≤10 μm 时，三坐标已经不能准确测量，进入激光干涉仪量程，非球面的各项几何参数已基本确定，然后进行抛光，用激光干涉仪配合补偿器或 CGH 测量面形误差，反复迭代直至面形达到指标要求，最后进行镀膜及面形复测。

但是随着光学元件尺寸持续增大，以往以三坐标设备为基础的检测方法，无法保证光学元件研磨阶段的检测精度能够与干涉仪实现无缝衔接。因此衍生出来摆臂轮廓仪、条纹结构光等定制化测试方法。

三坐标测试面形使用不同轨迹，会对最终的结果造成不同的影响，由于三坐标测试面形数据，一般设置点数较多，测试时间较长，非常容易引入测试过程中的温度、震动等环境随机因素，形成综合性的随机误差。圆形容易形成离焦，栅格线形容易形成像散（见图 4-26、图 4-27）。离轴异形镜存在同样的现象，尤其是测试结果接近三坐标测试精度极限的时候，特别容易出现测试结果突变，工艺人员需要通过加工前后的数据比对，判断测试数据是否可用，避免使用错误数据，造成加工不收敛。

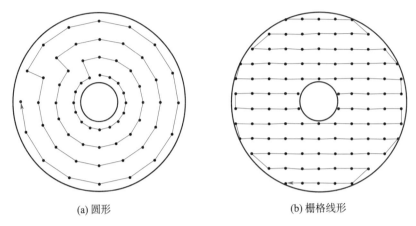

(a) 圆形　　　　　　　　　　　　　　(b) 栅格线形

图 4-26　测试路径

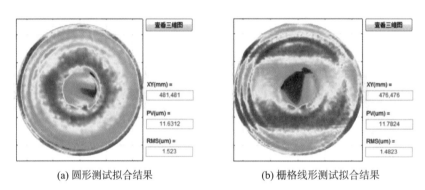

(a) 圆形测试拟合结果　　　　　　　　(b) 栅格线形测试拟合结果

图 4-27　测试结果比对

　　一般非球面、离轴面以及回转自由曲面等几何型面，其面形几何的轴线（简称光轴）具备唯一性，且不可见、不可直接测试，而其轴线往往又是后续用于指导光学系统装调的重要基准。因此在加工过程中，需要将其轴线物化外引至圆柱基准、平面基准等常规可测可控的实物基准。

　　通过采集点云数据，拟合获得的面形数据，需要通过算法拟合，一般常用的算法是最小二乘法，但是不论使用哪种算法，都应该依据实际情况进行处理。测试过程中，其数据采集基准必须建立在上述的物化基准上。同时在数据拟合过程中，必须锁定以基准确立的轴线，进行最佳拟合曲面计算；如果放开以轴线为基准进行自由最佳曲面拟合，存在极大的光轴偏差失控风险。从图 4-28 中可知，左图与右图的拟合结果差异极大，PV 值从 65 μm 变化至 29 μm，就是因为光轴与结构基准之间出现了角度偏差。

　　曲率半径与非球面系数（e^2）的关系，通过算式可以知道：ΔR 与 Δe 正相关，所以一般图纸上要求这两项精度指标公差要求不一致时，应以要求更高的那一项作为加工过程的管控依据。同时，由于非球面系数（e^2）目前没有可以直接测试的方法，只能通过拟合获得的曲率半径数据，通过方程推演。所以，必须严格控制加工过程中的曲率半径测试数据和测试误差分析。

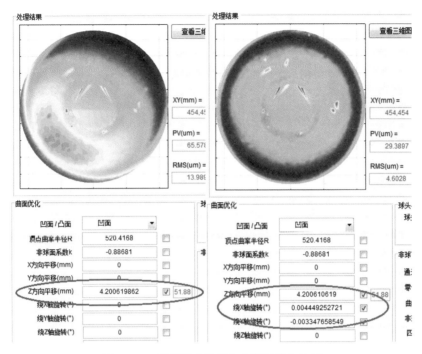

图 4 - 28 强制拟合数据和非强制拟合数据

干涉仪测试阶段，由于精度高，达到了纳米级，结构支撑变形带来的面形变化已经影响到了光学面形测试结果，尤其是面形精度 RMS 优于 80 nm 以后，支撑带来的变形结果很有可能会干扰到检测数据以及分析判读。进而造成使用误差较大的数据指导加工，造成加工不收敛。

同时环境温度、气流的剧烈变化也会干扰干涉检测结果，因此高精度光学检测对于环境要求极高，按照目前已有的经验，实验室环境温度时间梯度变化值最好应该优于 0.1 ℃/h，温度空间梯度变化值优于 0.1 ℃/m。

4.5 重力卸载技术

4.5.1 重力卸载技术的作用

影响光学测试的环境因素主要有温度、湿度、气流、振动、重力等，其中前四个因素是高精度光学检测中共通的干扰因素，目前主要通过建设良好的实验室条件来避免和减少这四项因素的干扰影响，本书不再展开赘述。

但是空间大口径光学元件在地面制造过程中，重力环境带来的一系列干扰，是影响最大也是最特殊的因素。因为空间光学元件在轨工作时，重力几乎为零，而在地面制造过程中，重力始终存在，不同重力环境带来的形变差异，将直接影响光学元件的最终质量。中小口径光学元件由于结构刚度足，重力影响导致的弹性变形基本可以忽略不计，但是在大口径空间光学元件中，重力引起的变形量已经能够被干涉仪检测到，对检测结果造成影响。这就意味着在地面制造阶段必须要将重力的影响因素排除，才能实现在轨工作的质量可靠，保证光学元件的天地一致性。

由于反射镜存在自重，在支撑点部位会形成支反力局部集中载荷，也就是指支撑点部位局部应力，如果这个局部应力过大，会造成反射镜表面形状精度变化超出设计要求。解决这个问题，可以通过提高反射镜绝对刚度（这种方法往往也意味着提高反射镜自重），减小因支反力造成的变形；也可以通过增加支撑点数量或者支撑面积，以减小局部应力，减小反射镜面形变化量，后一个方法即称为重力卸载。

重力卸载指的是在地面环境下对光学元件进行支撑，将重力均匀地分布到每一个支撑点上，以减轻因重力引起的镜面微变形。常用的重力卸载方法根据光轴的水平或竖直放置方式可分为吊带法、气囊支撑法和多点支撑法[23,24]，其中多点支撑式重力卸载方法，因其可以实现对支撑力的精确控制，以及通过有限元分析进行仿真验证，得到了较为广泛的应用。

通过理论分析可知，分布的点越多，每一个点所受的支撑应力也就越小，而其表面形状变化也就越小，因此，理论上如果能够实现整个面均匀支撑，则在光轴竖直状态，轻型镜受重力影响而产生的变形最小。从工程实施的角度来说，支撑点越多，要实现所有点的共面性也就越难，如果不能实现所有支撑点共面，就会造成局部点的支撑力与周边的支撑点不一致，如图 4-29 所示。支撑面不平以及支撑底面不平等因素，使得支撑点受力不均匀，造成局部支撑应力集中，影响镜子表面形状精度。因此，要获得反射镜的准确面形，就必须开展重力卸载工装的研制工作。

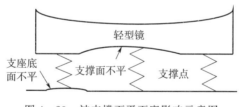

图 4-29 被支撑面平面度影响示意图

总的来说，重力卸载就是轻型反射镜支撑形式的一种特殊状态，在这种特殊状态下，轻型反射镜在重力环境下的变形能够满足总体技术要求。是否达到了重力卸载效果的判断依据主要有以下几点：

1）这种支撑状态在力学分析时的最小变形 RMS 值是否能够满足总体技术要求；

2）工程实施时，其支撑机构在设计上要能够实现各支撑点的均衡支撑，即能够实现各支撑点自适应联动平衡，或者至少要能够实现各支撑点支撑力可控；

3）在重力卸载支撑状态下，多次重复支撑装配的面形干涉检测结果在图形和数值上必须具有重复性。

在地面装调阶段，重力对镜面变形的影响是无法避免的，但是其影响效果的大小与大口径轻型镜的支撑状态紧密相关，良好的支撑状态能够有效地减少重力对测试结果的影响，理论上随着支撑面积的增加，轻型镜的重力变形会下降，而同时，支撑面积的增加则意味着大面积内共面度的工程实施难度急剧增加。重力卸载技术就是要在理论和工程实施中选择平衡，既要在理论模型上能够实现轻型镜的重力变形达到最小，同时其支撑方案在工程实施上也尽可能地减小难度。

4.5.2　重力卸载装置

在重力卸载的支撑方案设计中，常常综合运用有限元法和工程优化法对支撑点位置、数量和支撑力大小进行优化设计。采用有限元法，在给定位置和力的边界条件时，可以求出反射镜模型的支撑变形量。通过数据的提取和拟合，可以得到镜面面形的 PV 和 RMS 值。当已知支撑点数和镜面变形要求时，可以综合试验设计和数学建模进行支撑力场的优化，求解最佳支撑力的分布，找到面向工程实施的最优解。

可以通过建立不同力场分布与重力变形对应关系，以数学方法寻找最优解。以某型号的重力卸载机构设计优化过程为例，设计人员将奇异值分解优化算法应用于重力卸载支撑力场的优化，将有限元模型支撑力场转化为矩阵，通过矩阵运算实现力场优化[25]。

如图 4-30 的反射镜模型呈 120°对称结构，初始结构具有 198 个初始支撑点和 69 152 个表面节点。在每处支撑点上沿 Z 轴负方向施加单位力 F=1 N，约束其他 197 个支撑点，进行有限元仿真计算，共计算 198 次，形成力传递矩阵 MF 的 198 列；得出每个表面节点沿 Z 轴方向产生的位移，形成位移传递矩阵 MD 的 69 152 列。

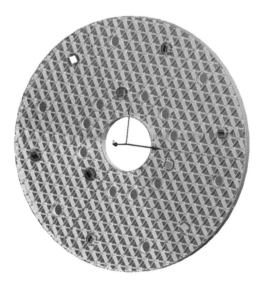

图 4-30　反射镜结构模型

设计人员通过利用奇异值矩阵将较小的奇异值舍弃，保留较大奇异值的运算特点，实现矩阵奇异值降维压缩过程。在奇异值分解之后，保留的奇异值数目由降维压缩确定，新的矩阵由较大奇异值生成，该矩阵是初始矩阵在 Frobenius 范数下的降秩最佳逼近。最终实现了将 198 个支撑点的优化支撑力中力较小的点剔除，得到 174 个支撑点的新的布局。其面形值也由 RMS=4.719 mm，变换至 174 点的 RMS=4.803 nm，如图 4-31 所示。通过将结果比对可知，虽然卸载支撑结果略变差，但是这些差异值在检测过程中不可能被干涉仪检测出来，而支撑点则减少了 24 个，这在工程实施上有效地减小了研制难度，减少了零部件的使用量和支撑单元控制，也有利于提高最终的支撑控制系统执行精度。

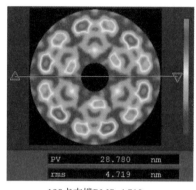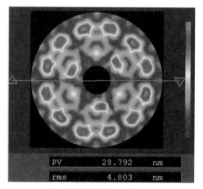

198点支撑RMS=4.719 nm　　　　　　　　174点支撑RMS=4.803 nm

图 4 - 31　优化前后比对

开普勒望远镜的检测过程中使用了气囊支撑，通过调节气囊内的气压，对主镜背部进行支撑，实现重力卸载，并使用有限元仿真得到反射镜面形结果[26]，如图 4 - 32 所示。

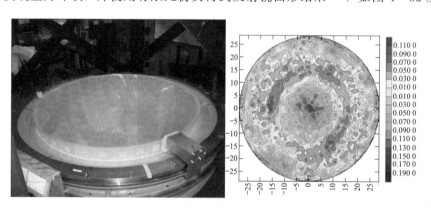

图 4 - 32　开普勒主镜气囊支撑及有限元仿真结果

SNAP 主镜采用了 57 点支撑的重力卸载方式[27,28]。根据对主镜的初步分析，要实现良好的卸载效果，各点间的支反力差值应小于 5 N，因此必须对每个支撑点的支反力进行精密控制，控制精度优于 1 N。采用螺纹配合斜块方案实现高精密的支反力调整，如图 4 - 33 所示。该方案具有自锁功能，通过调整螺纹螺距以及斜块倾角能够实现支反力精确调整，支撑点安装精密压力传感器，分辨率优于 0.1 N。

国内大口径光学元件的检测也逐渐开始应用重力卸载技术，图 4 - 34 所示为一个 1.05 m 口径反射镜的重力卸载装置[29]。其采用多个压力传感器作为压力测试传感元件，检测各支撑点对反射镜的支撑力，通过电路处理显示所测值，再通过支撑力微调系统调整各点支撑力的大小，使之与经过有限元分析所计算的各点支撑力数值相符，以达到卸载检测的目的，如图 3 - 35 所示。

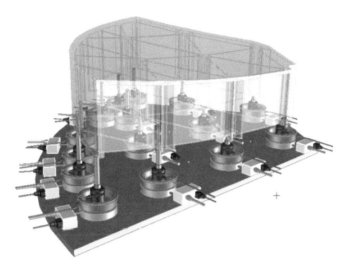

图 4-33　SNAP 主镜面形检测重力卸载机构示意图

图 4-34　重力卸载验证试验

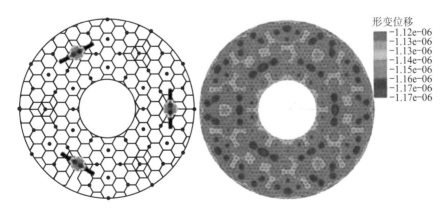

图 4-35　支撑点布局及有限元分析变形图

4.5.3　重力误差的数据处理方法

对于具有回转对称结构的反射镜，在检测时可以利用重力卸载装置将受重力影响而产生的支撑变形误差去除。通过在检测过程中将待测镜旋转 N 次，将干涉检测结果中的因重力变形造成的非对称误差有效剥离，获得较为准确的镜面加工面形。

旋转法是由 Robert 在 1978 年提出的一种面形检测方法[30]，根据求解原理可分为单次旋转法和旋转平均法。单次旋转法过程中只需两次检测，但在使用 Zernike 多项式进行求解的过程中，拟合项数有限，只能得到被测光学表面的低频信息。

在地面制造环境下，大口径非球面反射镜的检测结果包含了镜面自身的加工残余误差和重力变形误差，用式（4-1）表述为[31]

$$W(x,y) = S(x,y) + G(x,y) \tag{4-1}$$

其中，W 表示经干涉检测直接获取的面形误差结果；G 表示重力误差；S 表示镜面加工残余误差。

通常情况下，在反射镜检测时采取直角坐标系，后期数据处理过程中，需要将直角坐标系转化为极坐标系，以便于进行泽尼克多项式拟合[11]，这样式（4-1）变为

$$W(\rho,\theta) = S(\rho,\theta) + G(\rho,\theta) \tag{4-2}$$

N 次旋转法是进行 N 次等角度间隔的绕光轴旋转检测，旋转角度 $\varphi = 2\pi/N$，则 N 次检测结果可以表示成

$$W_1(\rho,\theta) = S(\rho,\theta) + G(\rho,\theta)$$
$$W_2(\rho,\theta) = S(\rho,\theta+\varphi) + G(\rho,\theta)$$
$$\cdots\cdots$$
$$W_N(\rho,\theta) = S(\rho,\theta+(N-1)\varphi) + G(\rho,\theta)$$

N 次检测结果的平均值 W_{ave} 为

$$W_{ave} = G(\rho,\theta) + \frac{1}{N}\sum_{k=1}^{N}(S(\rho,\theta+(k-1)\varphi)) \tag{4-3}$$

式（4-3）中，$\frac{1}{N}\sum_{k=1}^{N}(S(\rho,\theta+(k-1)\varphi))$ 为反射镜 N 次旋转后的算术平均结果，表征了镜面加工残余误差的中高频误差部分，将这部分进一步分成旋转对称误差和非旋转对称误差两个部分，于是式（4-3）可以改写为

$$W_{ave} = G(\rho,\theta) + S_{sym}(\rho,\theta) + \frac{1}{N}\sum_{k=1}^{N}(S_{asym}(\rho,\theta+(k-1)\varphi)) \tag{4-4}$$

式（4-2）减去式（4-4），即可得到被测反射镜任一角度状态下的零重力面形误差结果。

$$W - W_{ave} = S_{asym}(\rho,\theta) - \frac{1}{N}\sum_{k=1}^{N}(S_{asym}(\rho,\theta+(k-1)\varphi)) \tag{4-5}$$

式（4-5）表示了经过旋转法处理后的测试结果中已经剔除了重力误差的影响，且不包含镜面的旋转对称误差信息，只残留部分非旋转对称误差。对大口径非球面反射镜加工

来说，这说明无法对镜面上的球差和部分高频误差进行去除，但这部分误差成分属于小量，可以在累积至一定程度后再行去除，过程中仍然可以通过旋转法，对非球面反射镜上的像散等非对称误差进行主要去除。

旋转平均法得到的光学表面面形中包含了中高频信息，但会丢失幅角为 $kN\theta$ 的面形信息。与单次旋转法相比，使用旋转平均法进行面形检测不需要复杂的拟合，计算过程简单，只需将多次的检测数据进行平均作差即可得到相对完整的面形，但会损失部分旋转对称误差信息（见图 4 - 36）。

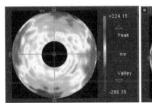 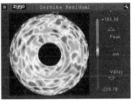

　　　　　(a) 非对称误差　　　　　　　(b) 对称误差

图 4 - 36　镜面误差分布

以某 ϕ1.3 m 圆形非球面反射镜为例，重力卸载机构的设计理论卸载面形精度达到了 RMS ≤ 0.003λ，但是通过对执行机构的逐级误差分析，发现最终实际卸载机构支撑的累计误差达到了 RMS ≤ 0.008λ，而该型号任务的要求是主镜的面形加工精度优于 RMS ≤ 0.014λ，也就意味着重力卸载机构最终的执行结果卸载精度不足，将会对最终的检测结果产生影响。此时必须考虑通过旋转多次测试，将重力支撑误差剔除。

算法误差如图 4 - 37 所示。

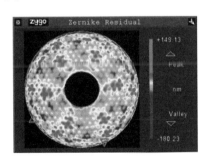

图 4 - 37　算法误差

检测过程设计了 6 个角度，使用软件进行处理后，得到 6 个角度检测结果的平均值，如图 4 - 38 所示，面形精度 RMS 值为 12.768 nm。用各个角度得到的面形检测结果减去平均值，即可得到各个角度去除了支撑变形误差的面形误差分布图，如图 4 - 39 所示。

由图 4 - 40 可以看出，去除支撑变形误差后的面形精度约为 5.6 nm，不同角度下的面形误差差异不大，误差分布一致性较好，这也说明所搭建的气动多点支撑重力卸载装置的重复性较高，可以满足大口径空间反射镜的检测要求。

对于大口径反射镜重力卸载的研究目前主要还是依赖于仿真模型，其数据的准确性，以及实践反馈的模型修正，还存在较大的研究空间，主要体现在以下几个方面：

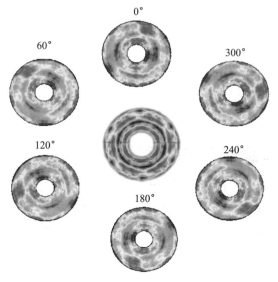

图 4-38　旋转法检测结果归一平均值

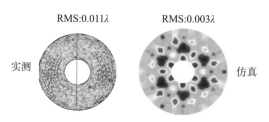

图 4-39　旋转法平均面形结果

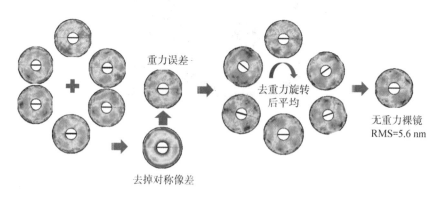

图 4-40　旋转法检测面形结果

1）目前重力卸载支撑变形的计算主要通过商用有限元软件实现，计算结果需人为导出、提取，读入专用软件拟合生成面形变化评价值 PV 和 RMS，效率较低，可以有针对性地开发专用接口来实现优化仿真数据的自动传输。

2）多点支撑重力卸载装置的卸载面形影响因素较多，需要分析每一个部件的执行误差对面形的影响，并在此基础上进一步寻找有效控制误差的方法。

3）在重力卸载的基础上，还需要进一步研究支撑变形误差的分离方法，旋转法只适用于具有回转对称结构的反射镜，对于不具有回转对称结构的反射镜如离轴镜等，还需要进一步寻找合适的支撑变形误差分离方法，得到较准确的镜面加工面形。

参 考 文 献

［1］ 张国瑞．空间工程光学 ［D］．北京：北京空间机电研究所，2012.

［2］ 庞长涛，罗松保．非球面加工先进技术 ［J］．精密加工，2001 (3)：1 - 5.

［3］ 余景池，张学军，等．计算机控制光学表面成型技术综述 ［J］．光学技术，1998 (5)：23 - 25.

［4］ 国绍文，王武义，张广玉，等空间光学系统反射镜轻量化技术综述 ［J］．光学仪器，2005，27 (4)：78 - 82.

［5］ 曾勇强，马军，王彬．国外天基大口径反射镜材料研究进展 ［C］//2009 年空间环境与材料科学论坛论文集：187～194.

［6］ ROBERT S. Corning 7972 ULE Material for Segmented and Large Monolithic Mirror Blanks ［C］// Proceedings of SPIE，2006，6273：627302 - 1 - 627302 - 8.

［7］ RANDY R. Review of Corning's Capabilities for ULE Mirror Blank Manufacturing for an Extremely Large Telescope ［C］//Proceedings. SPIE，2006，6273：627301 - 1 - 627301 - 11.

［8］ 刘韬，周一鸣，江月松．国外空间反射镜材料及应用分析 ［J］．航天遥感与返回，2013，34 (5)：90 - 99.

［9］ 杨志，陈世明，张毅君，等．高压水射流技术的发展及应用 ［J］．机械管理开发，2009，24 (5)：87 - 89.

［10］ DÖHRING T. Heritage of Zerodur Glass Ceramic for Space Applications ［C］//Proceedings of SPIE，2009，7425：74250L - 1 - 74250L - 12.

［11］ JOSEPH R. Carbide Optics and Optical Systems ［C］//Proceedings of SPIE，2005，5868：586802 - 1 - 586802 - 7.

［12］ 谢晋．光学非球面的超精密加工技术及非接触检测 ［J］．华南理工大学学报 (自然科学版)，2004 (2)：94 - 98.

［13］ KORDONSKI W I，GOLINI D. Fundamentals of magnetorheological fluid utilization in high precision finishing ［J］. Journal of Intelligent Material systems and Structures，2001，10，(9)：683 - 689.

［14］ GOLINI DONALD. Precision Optics Manufacturing Using Magnetorheological Finishing ［C］// Proceedings of SPIE，3739：78 - 85.

［15］ STEPHEN D JACOBS，FUQIAN YANG，et al. Magnetorheological Finishing of IR materials ［C］//Proceedings of SPIE，1999，3134：258 - 269.

［16］ STEPHEN D JACOBS，DONALD GOLINI，et al. Magnetorheological Finishing：a deterministic process for optics manufacturing ［C］// Proceedings of SPIE，1994，2576：372 - 382.

［17］ 李圣怡，戴一凡，等．大中型光学非球面镜制造与测量新技术 ［M］．北京：国防工业出版社，2011.

［18］ 王永刚．离子束修形技术发展与现状 ［C］//中国空间技术院情报课题文集，2015.

［19］ 郭宗福，金滩，李平．提升磨料水射流抛光去除效率的参数研究 ［J］．金刚石与磨料磨具工程，

2017，37（6）：24 - 33.

[20] 戴一帆，张学成，李圣怡，等．确定性磁射流抛光技术 [J]．机械工程学报，2009，45（5）：171 - 176.

[21] 伍凡．非球面干涉仪零检验的补偿器设计 [J]．应用光学，1997，18（2）：10 - 13.

[22] 林长青，景洪伟．离轴非球面镜精磨阶段的三坐标检测技术 [J]．强激光与粒子束，2012，24（11）：2665 - 2668.

[23] 王洋，张景旭．大口径望远镜主镜支撑优化分析 [J]．光电工程，2009，36（1）：107 - 113.

[24] 周于鸣，赵野，王海超，等．一种大口径轻质反射镜光轴水平卸载支撑方法 [J]．红外与激光工程，2013，42（5）：1285 - 1290.

[25] 杨秋实．大口径轻型反射镜气动重力卸载技术研究 [D]．北京：北京空间机电研究所，2020.

[26] JOHN W ZINN，GEORGE W. Kepler primary mirror Assembly：FEA surface Figure Analyses and Comparison to metrology [C] //Proceedings of SPIE，2007，6671，667105：1 - 7.

[27] M LAMPTON，M SHOLL，M KRIM，et al. SNAP Telescope：an Update [C] //Proceedings of SPIE，2004，5166：113 - 123.

[28] BESUNER R，CHOW K，KENDRICK S. Selective reinforcement of a 2 m - class lightweight mirror for horizontal beam optical testing [J]. Proceedings of SPIE，2008，7018：701816.

[29] YE ZHAO，YUMING ZHOU，CHENXI LI. A support method of large aperture light weighted primary mirror manufacturing and testing [C] //Proceedings of SPIE，2010，7654，76541M.

[30] CHRIS J EVANS，ROBERT N KESTNER. TEST OPTICS ERROR REMOVAL [J]. Applied Optics，1996，35（7）：1015 - 1021.

[31] 孟晓辉，王永刚，李文卿，等．应用旋转法实现大口径非球面反射镜零重力面形加工 [J]．光学精密工程，2019，27（12）：2517 - 2524.

第5章 空间光学系统镀膜技术

5.1 概述

空间光学系统中常用的薄膜类型可分为反射膜、滤光膜、分光（束）膜、减反膜等。对于反射膜而言，金属银、铝等材料在可见、近红外谱段具有较高的反射率，且镀制工艺相对成熟，是宽谱段光学反射膜常用材料，基本可以满足空间用光学系统从近紫外到远红外宽谱段的需求，适应多谱段、多通道工作能力。对于其他滤光膜、分光（束）膜、减反膜等，一般采用对光谱吸收相对较小的二氧化硅、五氧化二钽或五氧化三钛等介质材料进行优化设计，根据不同技术要求和膜层精度要求，可采用电子束蒸发或溅射方法进行镀制；对于多光谱滤光片的镀制过程还要结合掩模、光刻等技术，技术途径多样、制作过程难度相对较大。

根据工艺方法不同，光学系统常用镀膜技术分为化学气相沉积（CVD）和物理气相沉积（PVD）两大类，不同工艺镀制的膜层，特性会有一定差异。在空间光学系统中应用最为广泛的是属于PVD的热蒸发和溅射镀膜技术，热蒸发和溅射镀膜都是在真空环境下进行，可以根据实际薄膜类型有针对性地选择不同镀制工艺。

空间光学系统一般具有较高且较为特殊的指标体系，针对光学薄膜而言，除了一些基本指标如反射膜的反射率、滤光膜的截止度、陡度等要求较高外，还会有一些额外的要求。例如为满足高分辨要求，空间光学系统的口径越来越大，为确保成像质量，除了要保证有效的透过率或反射率外，还必须达到较高的膜厚均匀性要求。

更重要的是，由于空间光学系统工作于空间环境辐照、热循环、冷黑等特殊空间环境，为了保证在空间环境条件下光学系统正常工作，须对空间光学系统中薄膜光学元件性能指标提出明确要求，开展空间环境对薄膜光学元件性能影响的分析，对提高空间光学系统在轨服役的可靠性和使用寿命具有十分重要的意义。

在地球同步轨道、中高轨道、太阳同步轨道上运行的航天器会受到地球辐射带能量范围极宽的质子和电子的辐照作用，光学元件或材料长期在这种环境下使用会导致性能退化。近地球轨道（LEO）环境中的原子氧（AO）对长期运行于其间的空间飞行器材料具有严重剥离和氧化腐蚀损伤。虽然空间光学系统不是迎面飞行，剥离腐蚀效应较弱，但超低轨道环境中原子氧对光学反射镜表面仍存在氧化腐蚀。因此，需要针对原子氧环境的破坏作用加强光学表面膜层保护。图5-1（a）、（b）分别为金属银反射膜经过空间离子和原子氧辐照后的反射率变化曲线。经过离子和原子氧辐照后的反射膜反射率在短波谱段都有明显变化。这主要是由于辐照作用在薄膜表面诱发缺陷或氧化造成。

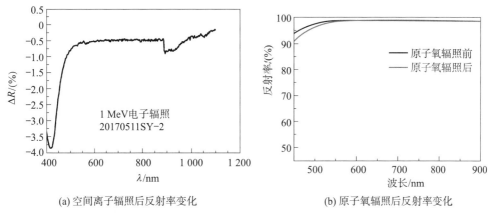

(a) 空间离子辐照后反射率变化　　　　　　(b) 原子氧辐照后反射率变化

图 5-1　金属银反射膜经过空间离子、原子氧辐照后反射率变化

　　薄膜设计和镀制工艺过程需要根据空间光学系统工作环境特点有针对性地进行研究，图 5-2 所示为两种不同设计的银基反射膜原子氧辐照后的表面形貌，如果不进行有针对性的设计及镀制工艺优化，原子氧辐照后膜层表面会损坏，从而导致光学系统质量下降，甚至无法工作。

图 5-2　两种不同设计的银基反射膜原子氧辐照后的表面形貌

　　空间光学系统对光学元件的面形要求高，镀膜前后面形变化量允许值较小。膜厚均匀性及薄膜生长过程中的应力是导致镀膜后面形变化的关键因素。薄膜在生长过程中会产生张应力或压应力，从而对光学元件面形产生影响，导致光学系统的成像质量下降。薄膜应力的存在也会使薄膜产品在高低温、湿热等恶劣环境下的寿命降低，图 5-3 所示为薄膜受到应力的变形过程。为保证空间用光学元件的面形精度，避免薄膜应力对光学元件面形的影响，镀膜过程中需要优化镀膜工艺，控制薄膜生长应力，同时对镀膜吊挂工装进行仿真设计，消除重力对膜层应力的影响。

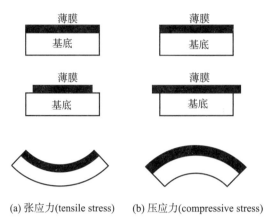

(a) 张应力(tensile stress)　　(b) 压应力(compressive stress)

图 5-3　薄膜受到应力的变形过程

5.2　反 射 膜

随着近些年探测技术及激光技术的发展，光谱响应范围已经不只局限于可见光波段，对于紫外波段、红外波段，乃至太赫兹波段都提出了需求，越来越多空间光学系统需具备多谱段、多通道工作能力。宽光谱观测的需求无疑对反射膜的光谱设计和镀制工艺提出了新要求。

Au、Ag、Al 等金属材料在可见、近红外谱段具有较高的反射率，且镀制工艺相对成熟，是宽谱段光学反射膜常用薄膜材料。反射膜在空间遥感及成像系统中有广泛应用，不同用途的遥感器对反射膜层的反射率、牢固度等有不同要求。此外，入射光线在空间光学系统中经过多次反射后到达探测器，如果反射率不高，经过镜面多次反射后光强变弱，对信噪比影响较大。因此，宽光谱、高反射率一直是大口径反射膜的主要光学性能指标要求之一。金属薄膜对入射角度不敏感，在倾斜入射时的偏振效应最小，由于对反射率高的偏振反射镜提出了新要求，需要利用多层膜进行消偏振优化设计，目前使用的大口径光学系统中金属反射膜结合多层介质膜的设计得到了广泛应用。

5.2.1　典型金属反射膜的光谱及设计特点

金属 Al 从紫外谱段到红外区域都拥有很高的反射率，Ag 和 Au 虽然拥有的工作谱段宽度不如 Al，但是各自所在的工作波段拥有更高的反射率，其他金属材料在光学特性上都要稍逊一筹，目前反射光学系统中最常用的金属反射膜材料就是 Al、Ag 和 Au，图 5-4 为几种常用的金属材料的反射率曲线。从图 5-4 中可以看出，铝是唯一的从紫外区到红外区都具有很高反射率的材料，同时铝膜表面在大气中能生成一层薄的氧化铝，所以膜层比较牢固、稳定，但在 850 nm 谱段附近，存在一个反射率波谷；Ag 在可见光谱段和中远红外谱段的反射率均高于 97%，在光学性能上有显著的优势；Au 的反射率在红外谱段最高，并且由于 Au 具有很好的环境稳定性，因此常被用来作为对红外谱段反射率要求较高的大口径反射镜镀膜材料。由于 Al、Ag 和 Au 与玻璃基体之间的附着力较差，为增强薄膜与玻璃基体的附着力，在其间需增加一层或几层过渡层薄膜，如金属 Ti、Cr、Cu、NiCr 合金或金属化合物，该过渡层的总厚度可以为 5～10 nm；为使反射镜具有足够高的反射率，金属反射膜的厚度为 150 nm 左右。

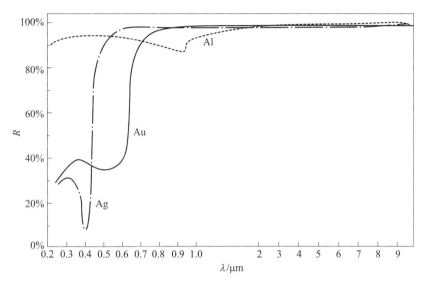

图 5-4　几种常用的金属材料的反射率曲线

一束光照射到固体表面可能会被反射、透过或吸收。光在固体中传播时遵从指数衰减规律，当金属膜层厚度为穿透深度时，入射光强衰减为原来的 1/e，金属作为反射膜，首先需要达到一定厚度，同时要考虑金属膜层与反射镜基底材料的黏附性。根据德鲁德色散理论，不同金属会有不同的吸收、反射和透明区，为满足宽谱段反射需求，可利用多层膜提升吸收或透明区的反射率。

应用最广泛的多层膜光谱设计方法为传输矩阵法，它的理论基础是电磁场的麦克斯韦方程。假定我们要计算的模型为 k 层介质多层膜，则第 i 层的特征矩阵为

$$\boldsymbol{M}_i = \begin{pmatrix} \cos\delta_i & j\sin\delta_i / \eta_i \\ j\eta_i \sin\delta_i & \cos\delta_i \end{pmatrix} \tag{5-1}$$

所要计算膜层的传输矩阵 M 为

$$\boldsymbol{M} = \prod_{i=1}^{k} \boldsymbol{M}_i \tag{5-2}$$

由传输矩阵 $\boldsymbol{M}$，我们可以得到电场之间的关系：

$$\begin{pmatrix} E_1 \\ H_1 \end{pmatrix} = \boldsymbol{M} \begin{pmatrix} E_{k+1} \\ H_{k+1} \end{pmatrix} = \begin{pmatrix} m_{11} & m_{12} \\ m_{21} & m_{22} \end{pmatrix} \begin{pmatrix} E_{k+1} \\ H_{k+1} \end{pmatrix} \tag{5-3}$$

传输矩阵将光波整个场的电场强度和磁场强度由膜系的一端传递到另一端。从而我们可以得到该结构的反射系数：

$$r = \frac{m_{11}\eta_0 + m_{12}\eta_0\eta_{k+1} - m_{21} - m_{22}\eta_{k+1}}{m_{11}\eta_0 + m_{12}\eta_0\eta_{k+1} + m_{21} + m_{22}\eta_{k+1}} \tag{5-4}$$

金属反射膜的光谱计算以 Ag 膜为例，金属 Ag 膜在 500 nm 以下谱段反射率会骤然下降，因此对于波长在 400 nm 以下有反射率要求的光学系统，单纯金属银膜无法满足应用需求。为满足空间用光学系统宽光谱、高反射率需求，提升短波长处的反射率，在选择金属材料的同时，需要利用二氧化硅、五氧化二钽等介质材料的多层膜结构进行优化设计，同时满足银膜的保护需求；为提升膜层的牢固度，对于玻璃基底，一般先镀制一层金属铬作为打底层。为进一步提升膜层性能，Macleod H. A 提出了铬、铜复合层作为黏附层的新膜系结构，成都光电所、北京空间机电研究所等国内单位同行对该膜层结构的牢固度进行了实验验证；Gemini 望远镜采用磁控溅射镀膜工艺，开发了 NiCrNx 为黏附层的新膜系，见表 5 - 1，该膜系能够提升反射镜抗盐雾等环境腐蚀能力，但可见近红外谱段平均反射率不高。

表 5 - 1　　Gemini 望远镜膜系结构

材料名称	材料厚度	材料作用
SiN_x	15 nm	保护层
$NiCrN_x$	0.8 nm	黏附层
Ag	200 nm	反射层
$NiCrN_x$	5 nm	黏附层
反射镜基底		

空间用光学系统主反射镜口径一般较大，且轻量化程度高，为确保镀膜后面形指标，在膜系设计时需要考虑膜层应力匹配，避免出现超薄膜层，降低由于膜层生长应力引起的面形变化；必要时还需考虑镀膜过程中重力引起的面形变化，进行重力卸载设计。

5.2.2　金属反射膜空间应用的基本要求

参照 GJB 2485 的相关标准条目，空间应用金属反射膜的质量一般需满足以下要求。

1）膜层质量要求：膜面光整，膜层不允许有起皮、脱膜、裂纹、气泡等缺陷；表面疵病（擦痕、麻点）数量要在规定的要求范围内。

2）温度和湿度：在温度为（40±2）℃、相对湿度 90%～95% 的条件下保持 6 h，在（-40±2）℃ 和（70±2）℃ 的温度中各保持 2 h（温度变化速率不得超过 2 ℃/min），再放置于室温（16～32 ℃）后，膜层表面应符合膜层质量要求。

3）膜层牢固度：用 3M1181 导电铜基胶带，牢牢黏在镀膜试片膜层表面上，以垂直于膜层表面方向的力拉起后，清洁后目视观察应无脱膜现象。将镀膜试片按顺序浸泡在温度为 16～32 ℃ 的丙酮（AR 级）和无水乙醇（AR 级）溶剂中各 10 min，用脱脂棉擦拭，膜层表面应符合膜层质量要求。

4）光学性能：对不同的用户需求，应满足其光谱技术指标。

5）抗辐照特性：如在离子辐射总剂量 1.0×10^7 rad 和紫外辐照累积能量 1×10^{10} J/m² 条件下膜层表面应符合 1）中的要求。

6）其他要求：对于特殊需求用户的特殊要求。

5.3　空间用滤光片

空间相机的谱段细分程度越来越高，成像的谱段范围不断扩展，呈现多通道复合一体的趋势，光谱覆盖近紫外、可见和红外谱段。空间用滤光片与探测器配合使用，实现全色或多光谱成像。按照光谱特点及用途，滤光片大体可分为以下三类：

1）带通滤光片：只有一个带通谱段，通带两端为截止区域；

2）多色滤光片：针对不同探测器，不同谱段透过率、带宽、截止范围等要求不同的多谱段滤光片；

3）分色滤光片：将入射光束分别反射进不同的成像通道，为空间相机不同观测通道提供准确光谱信息。

为实现精准观测，空间用滤光片设计过程要求中心波长定位精度高、角漂小、陡度高和截止区宽；镀制过程选择最优工艺参数减小光谱的环境漂移。空间用滤光片的基本要求参见 5.2.2 金属反射膜空间应用的基本要求。

5.3.1　带通滤光片

（1）带通滤光片的透过率计算

依据 5.2.1 中的式（5-1）～式（5-3）可以得到滤光片的透过率：

$$t = \frac{2\eta_0}{m_{11}\eta_0 + m_{12}\eta_0\eta_{k+1} + m_{21} + m_{22}\eta_{k+1}} \tag{5-5}$$

图 5-5 所示结构的电场分布曲线和光谱曲线如图 5-6 所示。

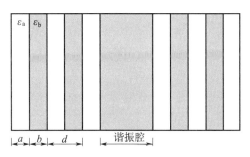

图 5-5　具有法布里-珀珞带通滤光片结构

对于法布里-珀珞（F-P）结构单腔 1/4 周期结构，用薄膜光学中的等效界面法进行特性分析更为方便。对一给定膜系，由有效界面法，选取多层膜中的某一膜层，整个膜系可用两个有效界面表示，只考虑选定膜层中的多次反射，就可对整个膜系的特性进行分析。

如果选定膜层两侧媒质的导纳相同，则透射率 T 为

$$T = \frac{T_1 T_2}{\left(1 - \sqrt{R_1 R_2}\right)^2} \cdot \frac{1}{1 + \dfrac{4\sqrt{R_1 R_2}}{\left(1 - \sqrt{R_1 R_2}\right)^2} \sin^2 \dfrac{1}{2}(\varphi_1 + \varphi_2 - 2\delta)} \tag{5-6}$$

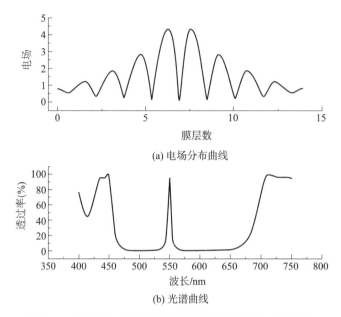

(a) 电场分布曲线

(b) 光谱曲线

图 5 - 6　法布里-珀珞带通滤光片的电场分布和光谱曲线

T_1、T_2、R_1、R_2 分别为选定膜层两侧的合振幅透射率和反射率，φ_1、φ_2 分别为两反射膜层的反射相移。

由式（5 - 6）可知，若两反射膜层的 T_1、T_2、R_1、R_2 和反射相移 φ_1、φ_2 不变，这时能改变的量是选定膜层的有效位相厚度 $\delta\left(\delta=\dfrac{2\pi}{\lambda}nd\right)$。当

$$\varphi_1+\varphi_2-2\delta=2k\pi \quad (k=\pm1,2,3)$$ (5 - 7)

时，整个膜系的透射率 T 达最大值：

$$T_{\max}=\frac{T_1T_2}{(1-\sqrt{R_1R_2})^2}$$ (5 - 8)

如果两反射膜系为对称膜系，且不考虑膜系的吸收等因素的影响，两反射膜系的振幅反射率、振幅透射率分别相等，即

$$R_1=R_2=1-T_1=1-T_2$$

则整个膜系的透射率达到最大值。与该位相厚度 $\delta=\dfrac{2\pi}{\lambda}nd$ 相对应的波长 λ 处会有一个透过峰，该峰即为滤光片的一个通道。

如图 5 - 7 所示，单腔法布里-珀珞滤光片的通带呈现三角形，不利于光谱整形及满足使用要求，实际应用中的带通滤光片一般包括多个相互耦合的 Fabry - Perot 共振腔。

空间用带通滤光片具有半宽大、透过率要求高、截止带宽、通带与截止带之间的陡度要求较高的特点，一般利用短波通、长波通滤光片组合得到所需要的光谱。由于通带较宽，传统 F - P 结构无法满足要求，因此采用在基底前表面和后表面分别镀制长波通和短波通膜系组合的方式来实现，结构如图 5 - 8 所示。

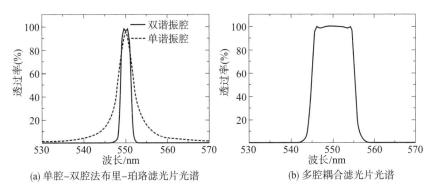

(a) 单腔-双腔法布里-珀珞滤光片光谱 　　(b) 多腔耦合滤光片光谱

图 5-7　单腔-双腔法布里-珀珞滤光片光谱和多腔耦合滤光片光谱

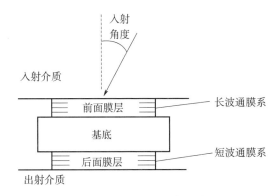

图 5-8　宽带滤光片薄膜结构

　　设计结果如图 5-9 所示，该宽带滤光片前表面共有膜层 73 层，后表面共 37 层。宽带滤光片总膜层较厚，镀制时间较长；膜层层数较多，对每一层的膜厚控制精度要求较高，但能够满足宽带外截止、高陡度、宽带通要求。

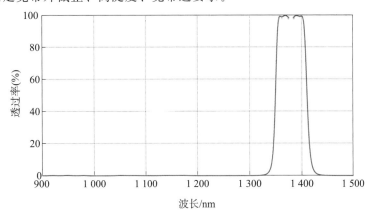

图 5-9　宽带滤光片透过率曲线

（2）带通滤光片设计过程关注的特殊性

①带通滤光片中心波长漂移控制

带通滤光片的中心波长会受入射角度、基片膨胀等因素影响。随着入射角度增大，中心波长会向短波方向移动，如图5-10所示，同时其他光学参数（如：插入损耗、通道隔离度等）不发生改变。这一特性被可调波分复用器件制造者们广泛应用。但对于空间光学系统用滤光片，中心波长漂移会引起获取空间信息的失真，研究者们通过选用具有特殊折射率的薄膜材料等不断寻求新的解决方案。由式（5-6）可知，最大透过率对应的波长为

$$\lambda_0 = \frac{2n_H d_H}{2k\pi - \dfrac{\varphi_1 + \varphi_2}{2\pi}} \tag{5-9}$$

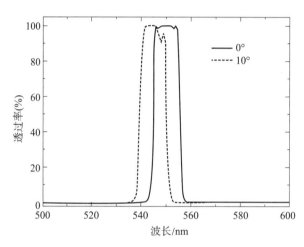

图5-10 带通滤光片中心波长随入射角度漂移

由式（5-8）可知，通过改变共振腔的参数可以计算和控制中心波长的漂移量：

$$\frac{\Delta\lambda}{\lambda_0} = p\,\frac{\Delta(n_{cv}d_{cv})}{n_{cv0}d_{cv0}} \tag{5-10}$$

其中：

$$p = \frac{1}{1 - \dfrac{\lambda_0}{2k\pi} \cdot \dfrac{\partial(\varphi_1 + \varphi_2)}{\partial\lambda}} \tag{5-11}$$

在一阶近似的条件下，最大透过率对应的波长λ的变化不仅与共振腔厚度变化有关，还与共振腔两边反射层的位相有关。计算表明，共振腔的光学厚度变化对中心波长的偏移影响较大。许多物理参数可以用来改变共振腔的光学厚度和两侧的反射相移，从而达到控制中心波长的目的，如：温度、电场和折射率等。

Takashashi等对用温度控制窄带滤光片的中心波长做了详细的研究，他们将所有的膜层看作单层膜，当受到温度变化影响时，膜层和基底的膨胀、应力变化等因素会导致该"单层膜"的光学常数发生变化，从而影响中心波长的变化。用温度作为控制信号，高低折射率材料应选择对温度敏感并且具有好的线性膨胀系数的材料作为基底。选用电场作为控制信号，需要选择具有各向异性压电特性的材料作为基底或共振腔材料，当压电材料受到电场的作用后，在不同方向发生不同的膨胀变化，从而控制中心波长的漂移。

②带通滤光片带外抑制

基于法布里-珀珞结构的滤光片透射峰值两边会出现旁通带，如图 5 - 11 所示，无法满足实际器件的使用需求。为消除通带两端的杂光，人们采用金属诱导滤光片、截止滤光片与带通滤光片结合等多种方法。

1) 金属诱导滤光片。金属诱导滤光片具有对称膜系结构，是一种为了改善法布里-珀珞干涉滤光片透射峰值两边的旁通带而设计的。利用金属材料的吸收，并通过金属层与介质层的位相匹配达到对透射峰值两边旁通带的抑制，从而得到透射峰值两边具有宽截止带的滤光片，光谱曲线如图 5 - 11 所示。要得到宽的截止带必须增加金属层厚度，但由于金属的吸收特性，随着金属层的增厚，对入射光的吸收也会增大，峰值透过率会减小，从而造成了宽截止带与峰值高透过两者的矛盾。传统的结构很难既具有高的透过峰值又具有宽的截止带，从而不能得到宽光谱范围内工作性能优良的滤光片器件。

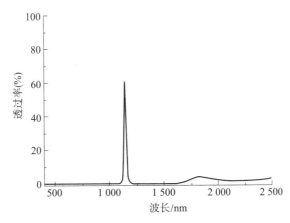

图 5 - 11　金属诱导滤光片光谱

2) 截止滤光片与带通滤光片组合。为得到既具有良好的光谱形状，又具有高透过率和宽截止带的带通滤光片，在实际应用中人们多采取法布里-珀珞结构与截止滤光片组合的方法进行设计。其光谱曲线如图 5 - 12 所示。该设计方法既可以控制截止区的光谱范围，也可以调控透过光谱区的透过率。

5.3.2　多色滤光片、分光（束）膜简介

多色滤光片、分光（束）膜的设计方法和关注特殊性与带通滤光片相近，不做累述，只做简单介绍。

（1）多色滤光片

为实现全色或精确观测，将多个带通滤光片集成镀制到一块基底上。多色滤光片是探测器的核心部件，每一个长条镀膜区域为一个特定中心波长的带通滤光片，根据不同探测器和任务需求为多个带通滤光片的组合。相邻两个带通滤光片区域需要进行镀黑膜等消串光处理。该类滤光片工艺相对复杂、成品率较低、定位精度高、研制技术难度大，其结构示意图如图 5 - 13 所示，部分滤光片的技术指标见表 5 - 2。

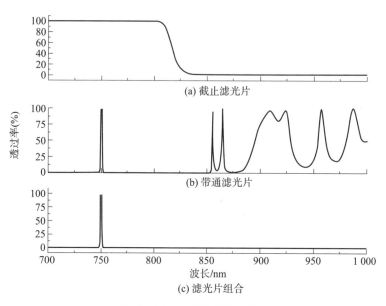

(a) 截止滤光片

(b) 带通滤光片

(c) 滤光片组合

图 5-12   滤光片组合光谱

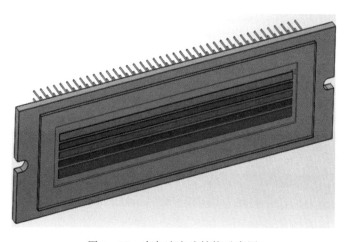

图 5-13   多色滤光片结构示意图

表 5-2   部分滤光片的技术指标

序号	基片几何尺寸	几何定位精度	最小镀膜区宽度	谱段数
1	106 mm×20 mm×2.0 mm	0.01 mm	0.2 mm	4
2	89 mm×30 mm×2.0 mm	0.01 mm	1.3 mm	4

　　多色滤光片镀制工艺分为机械掩模和光刻两类，机械掩模方法是利用掩模板多次套镀实现，该方法定位精度依赖于掩模板精度和工艺人员的技术水平，很难达到较高水平；光刻方法是利用多次涂光刻胶、多次曝光、多次镀膜方法实现，几何定位精度与所选光刻设备有关，一般在微米量级，但工艺相对复杂。

（2）分光（束）膜

分色片是指光线以一定角度入射，部分光线被反射、部分光线透射，从而实现分色的目的的（光学元件），是众多光学系统的关键组成部分，广泛地应用于光学探测和光学测量中。其分光应用如图 5-14 所示，对于平行入射光，该系统能够实现入射光部分反射、部分透射的功能，光学系统应用如图 5-15 所示。

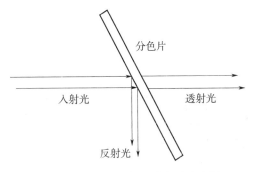

图 5-14　分光（束）膜应用示意图

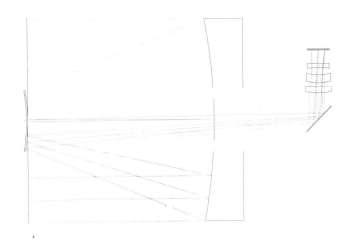

图 5-15　多光合一光学系统示意图

分色膜在锥光入射条件下，由于光线在一定角度范围内入射，不同角度入射的光线经反射膜反射后 P 光和 S 光的反射相移会不同，从而导致波阵面的相位存在差异，引入偏振像差，对于成像系统，其成像质量会下降。对高质量成像光学系统，必须降低该类偏振像差。在这类分色片设计时需要对相位和光谱同时进行控制。

图 5-16 所示为 0°入射测试分色片的原理，该方法测得的效果图如 5-17 所示。

由图 5-17 可以看出，分色片面形满足要求。

平面波测试，使用没有进行偏振像差控制设计的分色片将光路折转 45°后自准测试。原理图如图 5-18 所示。

此时，干涉效果图如图 5-19 所示，可以看到，干涉图中有一个背景，使得干涉条纹无法清晰可见。

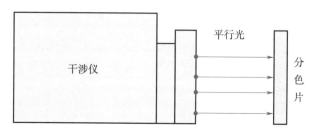

图 5－16　平面波 0°正入射测试原理图

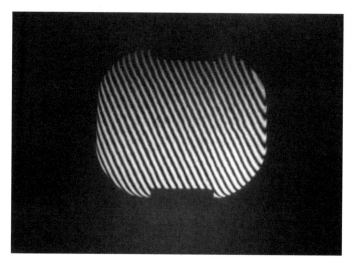

图 5－17　平面波 0°正入射测试干涉效果图

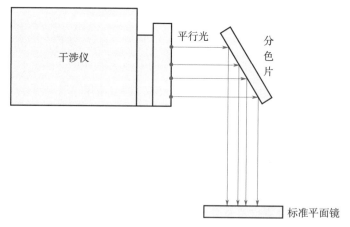

图 5－18　平面波 45°斜入射测试原理图

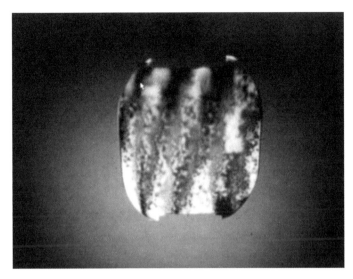

图 5 - 19　平面波 45°斜入射测试干涉效果图

5.4　镀膜工艺介绍

设计完成的空间用薄膜光学元件需要通过镀膜过程实现其光谱及环境适应性等特性，常用的镀膜工艺为物理气相沉积（PVD）的热蒸发和溅射。工业技术中涌现出来的许多镀膜工艺都基于这两种转化原理。热蒸发或溅射产生的气态膜料在低压气氛中传输，最终在待镀光学元件上凝聚、生长形成薄膜。物理气相沉积镀膜的真空度至少要求达 $10^{-2}\sim$ 10^{-4} mbar，然而，高质量薄膜的制备不仅要求真空度达 10^{-6} mbar，并且必须精确控制气体组分。尽管溅射的工作气压范围通常在 $10^{-2}\sim10^{-3}$ mbar，但起始的工作气压要求低很多，以便获得一个洁净的、可再现的工作气压环境。

不同的 PVD 方法，热蒸发或溅射的粒子会有不同的动能。普通热蒸发方法的粒子动能在 $0.05\sim0.1$ eV，而溅射粒子动能为 $1\sim40$ eV 或更高，离子和等离子体辅助技术的粒子动能可以达到 100 eV 以上。高能量粒子对于薄膜的附着力、密度、结构和微观结构都会产生积极的影响，并可提高光学薄膜性能和环境稳定性，但是非常高的能量可能会增加化合物薄膜的光学吸收、提高薄膜的压应力。

空间用光学薄膜常用镀制工艺方法有热蒸发和溅射镀膜，为确保空间用光学薄膜元件的光学指标、薄膜应力调整、提升空间环境适应性等特性，需要选择合适的镀膜工艺路线，并优化工艺参数。

5.4.1　热蒸发

热蒸发材料在真空室中被加热时，其原子或分子就会从表面逸出，这种现象叫作热蒸发。随着真空技术的发展，在低本底气压下通过蒸发或升华以及冷凝过程在固体表面上沉积薄膜的工艺得到了并行的发展和提高。仅考虑物理过程的话，成膜过程一般都发生在 $10^{-6} \sim 10^{-8}$ mbar 的高真空条件下，这个气压范围达到了现代真空技术的极限。

可以采用不同的加热方法来蒸发材料，常用的有电阻加热的阻蒸法和电子枪加热的电子束加热蒸发法两种。大多数材料在蒸发前就已经熔化，受蒸发的原子或分子的运动速度可以达到 10^5 cm·s^{-1} 量级，平均动能在 0.1 eV 以下。

蒸发是一个非常快速的过程，蒸发粒子的数目决定于蒸发的温度。蒸发舟或坩埚中蒸发的材料不会在任何方向都是均匀性的，材料的蒸发特性与 $\cos^b\alpha$ 有关，其中 α 是基片法线与蒸发源表面方向之间的夹角，b 指数决定了蒸发云的形状。b 值的增加会减少更大发射角的粒子发射量。源表面垂直方向上的发射量最大，因为 $\cos\alpha$ 此时为最大值。这一点对于考虑平面基片或者弯曲基片表面上的镀膜均匀性问题具有非常重要的作用。对于不同形状的小蒸发源、环状源或者圆盘状源，都有了不同的计算表达式，然而实际的蒸发源并不是严格遵循 cos 定律。

最大蒸发速率主要决定于材料表面温度；最大蒸发速率不可能大于平衡蒸气压条件下的速率值。Al、Ag、Cr、Au、Ni、Rh、Si 和 Ge 是光学应用中最常用的几种金属元素和半导体薄膜材料。

薄膜的制备方法会影响薄膜的性能。因此必须选取合适的蒸发舟、坩埚材料、加热方法、沉积速率、残余气氛，防止蒸发源材料和反应气体的掺入造成对薄膜的污染。

真空度越高，蒸发速率越高，薄膜含有的氧气量越少，其光学参数值就越好，尤其在蓝光和近紫外区域。其他的许多金属薄膜对氧化作用都很敏感，生成的氧化物可降低薄膜的光学性能。

①电阻加热蒸发

金属材料的蒸发温度相对较低，空间用金属反射镜的 Ag、Al、Au 等金属材料和红外光学系统用的 Si、Ge 等红外材料常使用电阻蒸发方法。当镀制红外材料 ZnS、YbF$_3$ 等时为防止蒸发过程中材料喷溅，在普通蒸发舟的基础上常增加带有小孔的盖子，以减少喷溅对膜层质量的影响。

用于蒸发或升华镀膜材料的容器是用难熔金属（Mo，W，Ta）或 C 制成的舟状、坩埚、卷状、带状的电阻加热容器，有时也会用陶瓷材料（Al$_2$O$_3$，BN，TiB$_2$），其中的蒸发舟装置如图 5-20 所示。使用难熔材料制作蒸发容器的目的是减少薄膜材料与热坩埚壁、反应气体与热坩埚间产生的不必要化学反应，避免引入挥发性元素而造成对薄膜的污染。蒸发速率的控制通过调整蒸发电阻的电流大小来实现。

②电子束加热蒸发

电子束加热是目前光学薄膜制备中用于蒸发各种材料的通用方法。镀膜材料放入水冷的坩埚内，直接用高能量电子束轰击加热，使蒸发材料气化蒸发后凝结在基板表面成膜，用水冷坩埚可避免容器材料的蒸发，以及容器材料与蒸镀材料之间的反应，因此可防止薄膜污染。

电子束形状会影响单位面积的能量密度，因此有必要优化聚焦能量使得每一种材料都

(a) 电阻加热蒸发的蒸发舟　　　　(b) 电子束蒸发的电子枪及坩埚

图 5 - 20　电阻加热蒸发的蒸发舟和电子束加热蒸发的电子枪及坩埚

有最大的均匀蒸发。在一些特殊情况下可选用不同大小和形状的坩埚，或者内嵌冷却陶瓷来减少电子束加热的热损失。

电子束偏转加热过程通过电磁场实现，电子束偏转枪原理基于电子从隐藏的阴极热灯丝发射，在高压电场中加速，磁场作用使其偏转大约 180°或 270°，然后聚焦在旋转的阳极坩埚中的镀膜材料上。发射电子的这种运动轨迹可避免对薄膜的污染，加速电压范围在 6～10 kV。目前商用电子枪一般都具备对束斑形状（如点、圆、8 字等形状）的控制选择及 XY 扫描以实现不同材料的均匀蒸发。其中的电子束蒸发装置如图 5 - 20（b）所示。

空间用光学薄膜要求高表面质量、强附着力、耐磨损，还要求其光学性能和力学性能有着很好的温度和环境稳定性。用常规的反应蒸发在未加热或加热的基片上沉积的化合物薄膜一般不可能同时具备上述所有特性。为改善电子束蒸发薄膜的缺陷，采用离子源轰击辅助镀膜方法，可减少传统反应蒸发中存在的缺点，从而提高光学薄膜的光学和力学性能。

利用离子源离化的氧分子辅助镀膜实验证明了等离子体可以促进氧化物化学反应，提高化学计量，从而减少膜层中的残余光吸收。即使是未加热的基底，用能量高达几百电子伏的氩、氧离子轰击生长中的薄膜不仅可提高化学计量和透射度，而且可改善薄膜表面形态和密度。高密度轰击生长无定型薄膜不仅能获得接近体材料的稳定的高折射率，同时也可能得到高的本征压应力，过高应力往往会使薄膜的环境适应性（如：湿热、高低温、空间离子辐照等特性）变差，同时会使镀膜前后的面形变化量增大。

以氩离子或以能量从 10 eV 到几百电子伏的活性氧离子受控轰击生长中的薄膜，这种方法提高薄膜密度和化学计量，也就提高了沉积在未加热基底上的氧化薄膜的光学特性。在薄膜生长过程中离子辅助可以提高薄膜的附着力、改善应力。在薄膜沉积前后都可应用离子束技术。用惰性和反应气体离子对基底进行离子束清洗，然后用离子束轰击沉积薄膜以更进一步提高其性质。

5.4.2　溅射

荷能粒子轰击固体表面（靶材）而使固体原子或分子射出的现象称为"溅射"，与热蒸法相比，溅射镀膜的主要特征是每个溅射粒子到达基片时所带的动能比较大。这些高能量溅射粒子在成膜过程中会使膜的表面结构发生变化，同时使基片温度上升。除此之外，还会使膜层与基片间的附着力增加，但是真空室内的残余气体杂质及工作气体杂质也会和溅射粒子起反应而进入膜层中，影响膜层的性质。一般情况是，低气压下溅射的膜层中惰性气体含量高。

在溅射镀膜的过程中，膜层的沉积速率通常与溅射产额和材料的凝聚速率有关。影响溅射产额的因素主要有：1）入射粒子的能量。入射粒子的能量存在一个溅射阈值，当粒子能量低于溅射阈值时，溅射现象不发生；当粒子能量超过溅射阈值时，溅射产额随离子能量增加而增加；增加到一定范围后，溅射产额变化不显著；能量再增加，溅射产额显出下降趋势。2）入射粒子和固体靶材的影响。不同入射粒子和不同材料固体靶，溅射产额也不同。3）离子入射角。相同条件下，离子入射角不同，溅射产额也不同。膜层材料在基片上的凝聚速率则与基片相对于阴极靶或辉光放电区的位置、系统真空度、基片运动情况等有关。

（1）离子束溅射（IBS）

高能的离子束主要用于基底清洗、沉积，及沉积中和沉积后的薄膜处理。Kaufman 型（Kaufman 和 Robinson，1987）的宽束离子源工作于直流或高频模式，真空气压在 10^{-4} mbar 和 10^{-5} mbar，宽束离子源通常以 45°角度碰撞靶材。假如隔离靶材，正氩离子可与电子束中的电子中和。

在双离子束溅射中，用到了第二个反应工作的离子枪，该枪具有低能离子束，垂直入射于薄膜生长方向，用于离子束的辅助沉积。溅射原子和分子以 $20\sim100$ eV 的能量到达未加热的基底上。向干净、易反应的低压环境中生长的薄膜输入能量可生成高致密、高附着力、无定型、特定化学计量比的具有优秀光学特性和高稳定性的薄膜。可通过改变靶材来镀制多层膜。目前商业化双离子束镀膜机最大均匀区已达到 $\phi600$ mm。

（2）磁控溅射

磁控溅射过程中，膜厚控制很难再用实时监测反射率变化或石英晶振直接监控的方法来实现，因为基片与磁控靶间的距离通常为 $5\sim10$ cm，在这之间产生等离子区；基片上往往也加有偏压；石英晶体表面会带电；射频信号会产生干扰等。但是磁控溅射镀膜过程中，如果各种工艺条件很稳定，膜层的生长速度也会非常稳定。因此，在磁控溅射系统中，膜层厚度的控制都是通过时间控制法来实现的。目前，利用计算机控制膜厚，在磁控溅射法制备 X 射线多层膜的过程中，每层膜的控制误差可以达到 0.01 nm，在膜层数大于 100 的情况下，整个膜系的厚度误差小于 0.05 nm。

随着磁控溅射技术的不断成熟，磁控溅射技术在硬 X 射线多层膜及超大口径反射镜制备领域有广泛应用。同时由于双离子束溅射和磁控溅射膜层致密，受环境潮气影响较小，且溅射靶材足够镀制膜层较多的滤光片，可以有效提升滤光片的陡度、截止宽度等关键指标，在空间用高性能滤光片镀制中有较为广泛的应用。

5.4.3 镀膜过程中的应力控制

镀膜过程中的应力包括膜层自身应力和重力变形引起的应力，为确保产品镀膜后的面形满足技术要求，在大口径产品镀膜过程中需要对膜层应力和重力变形应力进行有效控制。

（1）膜层应力

膜层应力可由斯托尼（Stoney）公式给出

$$\delta = \frac{E_s t_s^2}{6(1-v_s)t_f}\left(\frac{1}{R_2} - \frac{1}{R_1}\right) \tag{5-12}$$

式中，t_s 和 t_f 分别为基底和薄膜的厚度；E_s 和 v_s 分别为基底的弹性模量和泊松比；R_1、R_2 分别为镀膜前后基片的曲率半径。当应力值为负时，薄膜受到压应力；当应力值为正时，薄膜受到张应力。当薄膜沉积在具有一定厚度和弹性的基片上时，由于应力的作用将发生弯曲。R_1、R_2 可以利用干涉仪、台阶仪等进行测量，从而可以获得薄膜应力的计算值。

薄膜最终存在的应力是各种因素所引起的应力分量的总和，这些应力分量包括薄膜生长过程中的结构不完整性（如杂质、空位、晶粒边界、位错和层错等）、表面能态的存在以及薄膜与基体界面间的晶格错配等诸多因素所决定的内应力，薄膜与基底热膨胀系数不同引起的热应力及外加载荷作用引起的外应力，水分吸收等引起的附加应力。

镀膜过程中如果不进行膜层应力控制，镀膜后膜层具有较大应力，环境适应性差，同时可能会引起镀膜后产品面形变化较大。薄膜应力调控方法一般通过调整相应的镀膜工艺参数，如离子源能量、沉积速率、沉积压强、镀膜过程温度等，调整膜层应力，结合应力测量，调整每个膜层的应力使整个膜系的应力达到最佳匹配。

（2）重力变形应力

空间用光学元件一般为轻量化结构，将镜面向下吊挂时，由于重力作用，镜面会发生形变，如果不考虑重力变形引起的应力，镀膜后膜层会产生由于重力形变而产生的应力，会影响膜层质量，同时也会导致光学元件的面形发生变化。

对于镜面向下镀膜方式，为减小重力变形引起的应力，需要利用镜体背面结构，如粘接 Pad 等方式进行重力卸载；对于镜面向上镀膜采用重力卸载工装对重力影响进行消除。图 5 - 21 为镜坯底面的外环有 12 个区域支撑，重力环境下的镜坯变形。

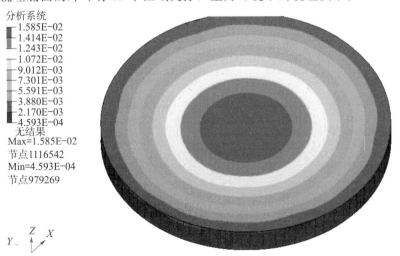

图 5 - 21　重力环境下的镜坯变形

5.4.4　镀膜过程中的膜厚均匀性控制

膜厚均匀性控制是镀膜后产品面形的保障，由于利用数值法对薄膜均匀性进行求解非常困难，在薄膜制备过程中常利用膜厚修正板，通过多次实验逼近法获得高均匀性薄膜。在这种方式中，修正板一般放置在基板与蒸发源之间，用来遮挡来自蒸发源的沉积材料。根据不同的沉积工艺及材料特性，不同材料的均匀性一般用不同的修正板来控制。在对修正板进行修正时，可以分别对每种材料进行，通过多次制备单层膜，调整掩模板的尺寸。也可以利用特殊膜系结构同时对两种材料的均匀性进行修整，最终达到膜厚分布均匀的目的。

电子束蒸发镀膜设备的基板架转动方式有球形和平面行星转动方式，在修整过程中分别制备两种材料的单层膜，并根据各测量点处的峰值波长计算修正板的尺寸，该方法是多层膜均匀性修正常用的方法。为满足大口径反射镜生产的需要，电子束蒸发制备多层膜时需要考虑全口径范围内样品的均匀性，因此在多层膜均匀性修正时，需要测量每个位置的样品，并根据该数据进行计算，图 5 - 22 为镀膜机内球形样品架的形状，其中 1～6 号为 ϕ30 mm 样品放置位。

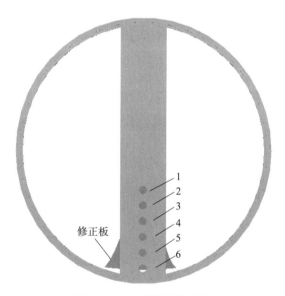

图 5 - 22　样品放置示意图

我们利用电子束蒸发方法分别制备高、低折射率 SiO_2 和 Ta_2O_5 无掩模板和带掩模板的单层膜，测量各位置样品的透过率曲线，1～7 号位置样品的透过率曲线及同一级次透过率极大值处的波长分布如图 5 - 23 和图 5 - 24 所示。

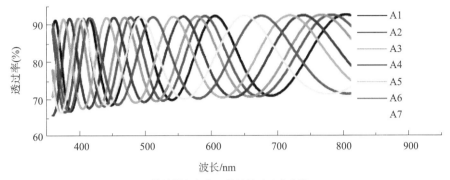

(a) 不带掩模板各位置样品的透过率曲线

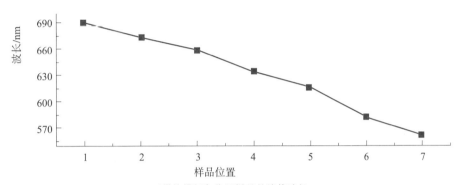

(b) 不带掩模板各位置样品的峰值波长

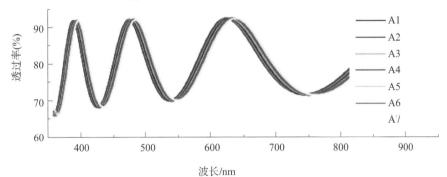

(c) 带掩模板各位置样品的透过率曲线

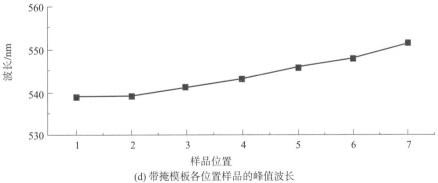

(d) 带掩模板各位置样品的峰值波长

图 5 - 23　高折射率材料 Ta_2O_5

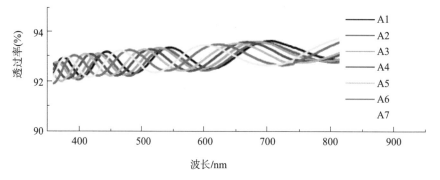

(a) 不带掩模板各位置样品的透过率曲线

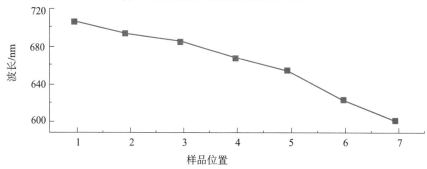

(b) 不带掩模板各位置样品的峰值波长

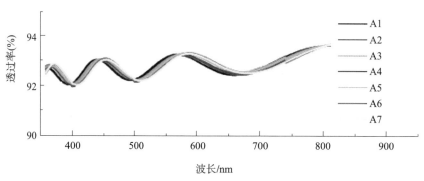

(c) 带掩模板各位置样品的透过率曲线

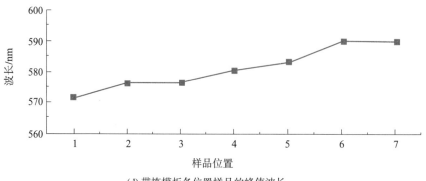

(d) 带掩模板各位置样品的峰值波长

图 5 - 24　低折射率材料 SiO_2

　　根据测量的无掩模板和带掩模板单层膜样品透过率曲线，计算每个样品位置掩模板对应的膜厚遮挡量，对掩模板的尺寸进行修正，从而得到所需要掩模板的尺寸。图 5-25 为修正后 SiO_2 和 Ta_2O_5 每个位置样品的透过率及峰值分布曲线。利用该方法进行薄膜均匀性修正，整个球形样品架上可以得到 Ta_2O_5 0.25%、SiO_2 0.5% 的均匀性分布。

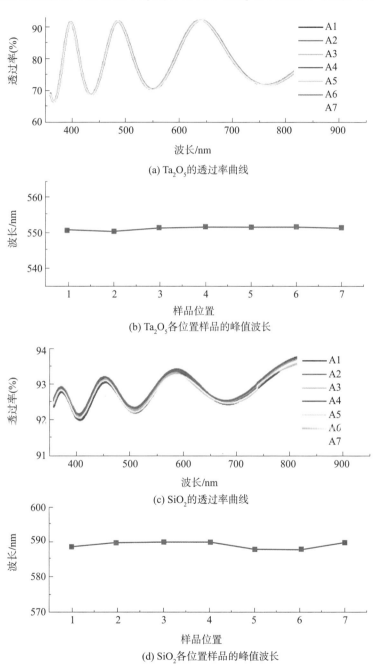

(a) Ta_2O_5 的透过率曲线

(b) Ta_2O_5 各位置样品的峰值波长

(c) SiO_2 的透过率曲线

(d) SiO_2 各位置样品的峰值波长

图 5-25　掩模板修正后样品的透过率及峰值分布

5.4.5 镀膜前镜面清洗

镀膜前镜面的洁净程度是影像膜层质量的关键因素之一，如果光学元件表面有污染物存在，镀膜后会导致经历湿热等环境后膜层脱落、空间离子辐照后光谱特性恶化等。因此，镀膜前要对光学元件进行清洗处理及真空室内离子预处理，以提高膜层质量。

中小口径光学元件镀膜前成熟的清洗工艺为超声清洗，特别是近几年发展起来的多频超声清洗。当超声波振动引入液体时，液体在超声波振动的作用下被撕裂，形成一系列的空化泡，随着振动，这些空化泡不断碰撞合并，直至最后由于泡内外之间的压差大于液体的张力而破裂，从而产生了微激波。当微激波作用到工件表面，就将黏附于工件表面的污物或氧化物剥离，不同超声频率对应的清洗粒径不同，见表5-3。

表5-3 不同超声频率对应的清洗粒径

序号	频率/kHz	污染物粒径/μm
1	25	>5
2	40	2～50
3	80	1～5
4	120	0.5～3
5	170	0.2～1.5

由于超声的空化作用与清洗介质、清洗温度、清洗时间、超声频率等诸多因素有关，故选用理想的清洗液、合适的清洗温度、适当的超声作用时间，对于提高清洗效果具有重要意义。

对于大口径光学元件目前常用的清洗方法有手工擦洗、高压喷淋、移动超声等方法。手工擦洗利用乙醚、无水乙醇等混合液及无尘布、脱脂棉进行表面擦洗，经验丰富的工人手工擦洗能够满足反射镜镀膜需求。对于超大口径反射镜等光学元件一般会用超纯水加高压喷淋的方式进行镜面清洁，图5-26所示是LSST光学元件清洗装置。

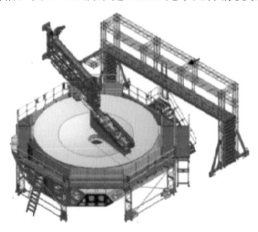

图5-26 LSST光学元件清洗装置示意图

5.5　膜层质量检测方法

（1）常规膜层质量检测

空间用光学薄膜除特殊需求外，膜层表面质量、牢固度、湿热、光谱性能等一般按照《光学膜层通用规范》（GJB 2485-95）中的相应条款进行检测及性能判读。

（2）光谱测试

1）对于商业光谱仪样品仓能够放得下的小尺寸产品，根据产品技术要求可以直接用紫外可见近红外光谱仪或傅里叶红外光谱仪进行测试。

2）由于空间用反射镜、透镜等光学元件尺寸较大，无法直接放入普通商业光谱仪样品仓，一般通过测试同炉试片方式进行。对于需要直接测量光谱的特殊产品，需要开发相应光谱检测设备。目前有搭建光路进行全口径检测和利用光纤探头点扫描方式两种，具体方案根据项目要求和实际条件选择。

（3）膜层抗离子辐照特性检测

国内多家单位具有空间离子辐照检测条件，如哈尔滨工业大学、兰州空间物理研究所等。哈尔滨工业大学电子辐照试验在 DD1.2 高频高压电子加速器上进行，根据空间光学系统的在轨寿命，科学地给出电子能量、辐照注量、束流密度等条件，对样品进行辐照。

辐照前后分别对光谱特性、表面形貌等关键特征进行对比，结合项目技术要求，判断薄膜产品是否能够满足空间应用。图 5-27 所示为哈尔滨工业大学空间综合辐照模拟设备。

图 5-27　空间综合辐照模拟设备

（4）膜层抗原子氧辐照特性检测

膜层抗原子氧辐照研究中广泛采用了地面模拟试验研究，这种方法成本低、周期短，能够定性地了解原子氧能量、通量和环境粒子对材料性能的影响，从而为空间材料的选择和评定提供应用和设计依据。

利用空间原子氧分布计算软件，得到了不同轨道高度上，在太阳活动强度最剧烈时，攻角分别为0°和90°时，航天器表面所接受的原子氧年积分通量和微分通量，得到寿命周期内，卫星表面所接受的原子氧累积通量，按照计算的累积通量进行辐照实验。

辐照前后分别对反射谱、表面形貌等关键特征进行对比，结合项目技术要求，判断薄膜产品是否能够满足空间应用。

（5）膜厚均匀性检测

在进行空间用大口径光学元件镀制过程中，由于真空室内膜料蒸发分布的不均匀性，造成镀制在基片上各处的膜层厚度不一致，这将直接导致镀膜后面形精度急剧下降，影响成像质量，因此需要对光学元件有效口径范围内的膜厚均匀性及镀膜前后的面形进行检测，判断其是否满足技术要求。

在光学元件半径方向排布试片，在确定工艺条件下，分别镀制不同薄膜材料的单层膜，并利用光谱仪测试单层膜的透过率曲线，拟合膜层的物理厚度。膜层平均厚度 t_{ave}：

$$t_{ave} = \frac{\sum\limits_{i=1}^{6} t_i}{6}$$ ；膜层均匀性：$A = \frac{|t_i - t_{ave}|_{max}}{t_{ave}}$ 。

参 考 文 献

[1] 卢进军，刘卫国. 光学薄膜技术 [M]. 北京：电子工业出版社，2011.

[2] 唐晋发，顾培夫，刘旭，等. 现代光学薄膜技术 [M]. 杭州：浙江大学出版社，2006.

[3] 顾培夫. 薄膜技术 [M]. 杭州：浙江大学出版社，1990.

[4] 王晋峰，王长军，熊胜明，等. 大型天文望远镜反射涂层的特性 [J]. 光电工程：2003，30（1）：70－72.

[5] 杜维川，刘洪祥，裴文俊，等. 大口径天文光学望远镜主镜镀膜技术 [J]. 强激光与粒子束，2012，24（2）：365－369.

[6] 孙梦至，王彤彤，王延超，等. 大口径反射镜高反膜研究进展 [J]. 中国光学，2016，9（2）：203－212.

[7] 伦宝利. 大口径天文光学望远镜主镜镀膜的研究 [D]. 昆明：中国科学院云南天文台，2013：45.

[8] B ATWOOD，D PAPPALARDO，et al. The aluminizing system for the 8.4 meter diameter LBT primary mirrors [C] //Proceedings of SPIE，2006，6273OT－29.

[9] G B ZAPPELLINI，H M MARTIN，S M MILLER，et al. Status of the production of the thin shells for the Large Binocular Telescope adaptive secondary mirrors [C] //Proceedings of SPIE，2007，6691，66910U.

[10] S S HAYASHI，Y KAMATA，T KANZAWA. et al. Status of the coating facility of the Subaru Telescope [C] //Proceedings of SPIE，1998，3352，454－462.

[11] D CLARK，W KINDRED，J T WILLAMS. In－situ Aluminization of the MMT 6.5 m primary mirror [C] //Proceedings of SPIE，2006，627305.

[12] N KAISER. Review of the fundamentals of thin－film growth [J]. Applied Optics，2002，41（16）：3053－3060.

[13] 王利，王鹏，王刚，等. 制备工艺条件对 SiO_2 薄膜非均质特性的影响 [J]. 强激光与粒子束，2016，28（2）：022003－1－6.

[14] L WANG，Z X SHEN，P P WANG，et al. The thermal stability of silver－based high reflectance coatings [J]. Thin Solid Films，2016（616）：122－125.

[15] 邵淑英，范正修，邵建达，等. 氧分压对电子束蒸发 SiO_2 薄膜机械性质和光学性质的影响 [J]. 光子学报，2005，34（5）：742－745.

[16] J B OLIVER，D. TALBOT. Optimization of deposition uniformity for large－aperture National Ignition Facility substrates in a planetary rotation system [J]. Applied Optics，2006，45（13）：3097－3105.

[17] F VILLA，O POMPA. Emission Pattern of Real Vapor Sources in High Vacuum：an overview [J]. Applied Optics，1999，38（4）：695－703.

[18] F VILLA，A MARTINEZ，L E REGALADO. Correction Masks for Thickness Uniformity in Large－Area thin films [J]. Applied Optics，2000，39（10）：1602－1610.

[19]　G BESSET，R RICHIER，E PELLETIER. Layer uniformity obtained by vacuum evaporation：application to Fabry‑Perot filters [J]. Applied Optics，1989，28 (14)：2960‑2964.

[20]　F FLORY，E PELLETIER，G ALBRAND，et al. Surface optical coatings by ion assisted deposition techniques：study of uniformity [J]. Appl. Opt. 1989，28 (4)：2952‑2959.

[21]　J HSU，C LEE，C KUO，et al. Coating uniformity improvement for a dense‑wavelength‑division‑multiplexing filter by use of the etching effect [J]. Applied . Optics，2005，44 (20)：4402‑4407.

[22]　Poitra. Asymmetrical dual‑cavity filters and their application to thickness uniformity monitoring [J]. Optical Express，2003，11 (25)：3393‑3403.

[23]　W ENSINGER. Low energy ion assist during deposition—an effective tool for controlling thin film microstructure [J]. Nuclear Instruments and Methods in Physics Research B，1997 (127)：796‑808.

[24]　B FAN，M SUZUKI，K TANG. Ion‑assisted deposition of TiO_2/SiO_2 multilayers for mass production [J]. Applied Optics，2006，45 (7)：1461‑1464.

[25]　潘永强，朱昌. 硒化锌基底 8～12 μm 高性能增透膜的研究 [J]. 红外与激光工程，2005，34 (4)：394‑396.

[26]　张大伟，张东平，范树海，等. 定向离子清洗对基片表面性质的影响 [J]. 中国激光，2004，31 (12)：1473‑1477.

[27]　李学丹. 真空沉积技术 [M]. 杭州：浙江大学出版社，1994.

[28]　D JAMES TARGOVE，H，ANGUS MACLEOD. Verification of momentum transfer as the dominant densifying mechanism in ion assisted deposition [J]. Applied Optics，1988，27 (18)：3779‑3781.

[29]　F PRADAL，R LHUILLIER，D MOURICAUD. Optical and Mechanical Properties of Infrared Thin Film at Cryogenic [C] //Proceedings of SPIE，2015，9627 96270A‑1‑6.

[30]　徐镇茂，何延春，郑军，等. 氟化钇薄膜的低温红外光学性能 [J]. 中国表面工程，2019，32 (4)：151‑155.

[31]　H TAKASHASHI，Temperature stability of thin‑film narrow‑bandpass filters produced by ion‑assisted deposition [J]. Applied Optics，1995，34 (4)，667‑675.

[32]　刘海，何世禹，王怀义，质子和电子对光学反射镜辐射效应的研究 [J]. 航天返回与遥感，2002，23 (1)，13‑17.

[33]　魏强，何世禹，刘海，等. 太空反射镜空间环境效应评述 [J]. 航天返回与遥感，2002，30 (4)：413‑416.

[34]　周忠祥，王宏利，申艳青，等. 带电粒子辐照下石英玻璃和镀铝膜反射镜光学性能研究 [J]. 物理学报，2008，57 (1)，592‑599.

[35]　中国兵器工业标准化研究所. 光学膜层通用规范：GJB 2485‑95 [S]. 1995.

第 6 章　空间光学系统装调

6.1　概述

6.1.1　现代空间光学系统装调发展趋势

　　航天光学遥感器的装配技术最初是在航空遥感器的基础上发展而来。20 世纪 60—70 年代，各种画幅式、全景式、航线式的胶片相机技术日益成熟，航天领域也开始广泛应用。此类光学产品多采用较大口径的透射式光学系统，同时配合各种扫描、转向的光机结构。当时，光学遥感器的装调模式是以如何达到光学设计确定的公差展开的，装配的最终目标是尽量达到设计预期的概率估计。

　　20 世纪 70—90 年代，光学 CAD 技术有了迅猛的发展，各种先进的光学测试仪器陆续面世。光学设计软件的功能也日益丰富和完善，可以设计同轴、离轴、折反射，甚至多重结构的各类光学系统，可以使用多种评价函数，进行像质的评价计算。同时新型光学材料、光学加工制造技术也快速发展，大口径、非球面等光学元件的制造技术有了重大的突破。此时，采用计算机辅助装调作为一种重要的技术手段也逐步应用到遥感器光学装调工作中了。计算机辅助装调技术是以公差补偿型为目标进行镜头调试的模式，即在满足传统的装调公差基础上，选择光学系统中某些补偿元件进行优化补偿调整，以确保遥感器在地面质量达到设计预期，如图 6-1 所示。

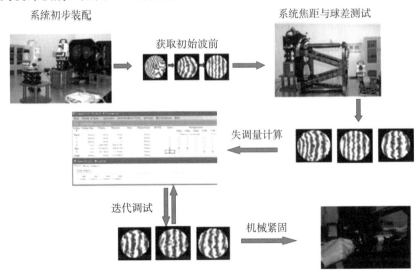

图 6-1　计算机辅助装调技术进行光学系统装调

　　进入 21 世纪，随着光学设计仿真、光学测试、精密装调技术的进一步发展，光学遥感器的装调技术已经跨入以补偿地面误差为目标的装调模式，即以在轨质量为评判标准，通过涉及产品实现全过程的数字化仿真与精密测试等综合控制手段进行镜头装调，以确保遥感器在轨质量达到设计预期（见图 6 - 2、图 6 - 3）。随着科学技术的不断发展，在不远的未来，在轨自主智能化遥感器的组装技术也将快速成为现实。

图 6 - 2　JWST 镜头组装[1]

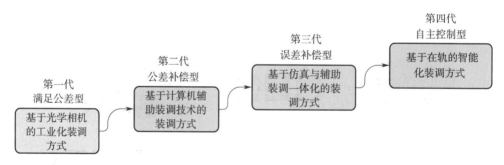

图 6 - 3　空间光学镜头装调技术的发展趋势

　　随着遥感器定制化、多样化、系列化发展趋势，空间光学遥感任务在技术上有着非常大的跨越，研发任务逐步向大型化和复杂化方向发展，遥感器设计中大量采用新技术、新材料、新结构，因此，光学遥感器的装调技术也逐步发展为涉及光机设计、装调检测、光机仿真一体化等多学科交叉的综合技术，已从分散的技术孤岛逐步拓展为技术性极强的专业领域。

6.1.2　空间光学系统装调的技术特点

光学装调技术贯穿了遥感器镜头研制的全过程，是遥感器研制的核心技术之一。遥感器光学镜头是复杂、精密的光机系统，一般由光学元件、光学部组件支撑结构、镜头支撑结构、活动机构、其他支撑结构（如消杂光结构等）以及热控组件组成。

其中，光学元件是镜头的核心部分，其功能是实现光线的折转、反射、分光等。根据其光学特性，光学元件可分为透射型光学元件、反射型光学元件和半反半透型光学元件。镜头的其他结构基本上围绕光学元件进行设计，光学元件的类型、尺寸、性能及光学系统的布局直接决定了镜头的设计和制造方法。

光学部组件支撑结构的功能是实现光学元件的稳定、可靠支撑，并提供与镜头支撑结构的连接、安装。为实现对光学元件的热控，还需提供热控组件的安装接口。光学元件的支撑结构是直接与光学元件接触的结构，是保证光学元件力、热稳定性的基础，同时会受到光学元件的约束。光学部组件支撑结构的材料、结构以及与光学元件支撑结构的连接设计对镜头制造影响较大，是镜头装调过程的关注重点。

镜头支撑结构是镜头的主结构，其功能包括：实现各光学组件的稳定、可靠连接，为热控组件提供安装接口，为活动机构等提供安装接口。镜头支撑结构是保证整个镜头力、热稳定性的关键，其构型、连接、调整、固定方式等关键设计因素也是后期装调需要考虑的要点。

为了实现遥感器性能指标以及满足多功能一体化的要求，镜头中还包含了相应的活动机构，以实现扫描、调焦、定标、指向、稳像、分光、滤光等功能。这些活动机构根据光学系统的要求，搭载相应的光学元件/组件，按照规定的运动轨迹实现平移、旋转以及复合运动，精度要求往往较高，因此活动机构装配时应考虑其可靠性的影响。

由于航天遥感器的镜头的性能指标要求高，涉及光、机、电、热多个专业，制造专业相互交叉、影响，具有系统性强、复杂程度高、技术先进、专业面广的鲜明特点，主要体现在：

（1）高精度光学部组件装配

光机部组件的装配主要是光学零件与结构件之间的安装和连接。高精度的光学遥感的光学部组件应确保微应力装配（镜面变形小于几纳米），另一方面还要保证其高精度的位置度稳定性（结构错动小于几微米），同时还须经过特殊的力、热环境考验。另外光学材料具有易脆、易损伤的特点，对其操作、检验等环节的防护必然更加精细、复杂化。

（2）综合化的光学系统集成

镜头产品光学系统集成是一个将多种学科技术有机融合的过程，包括机械装配、精密修配、精密装调、光学仿真、力学仿真、光学测试以及可靠性实验等。例如大口径反射式镜头的系统装调，必须考虑地面重力对光学装配、测试带来的巨大影响，须采用力学仿真、光学仿真以及重力卸载实验技术，有效去除地面装调阶段重力影响带来的干扰。

另外，对于包含中继系统、调焦、稳像、分光、滤光、定标等组件的复合式遥感相机而言，还需要采取系统优化的理念，合理分配各光路在不同装配环节的入口精度。

（3）多维度的系统测试

由于遥感器的性能指标高、性能要求宽泛，如焦距、视场角、系统波前、光学传递函数、能量集中度、内方位元素、视轴指向、光谱响应函数及辐射定标系数等众多指标参数都是直接影响遥感器最终的成像质量的核心要素。这些核心参数的精确标定还可用于未来用户定量化在轨遥感数据的准确修正，是确保遥感产品在轨性能的关键。这就导致了光学遥感器装配、制造、实验验证过程中所需的测试设备极为精密和昂贵、测试配套环境要求高（恒温、隔振、超洁净）、计算处理方法复杂（见图 6 - 4）。

(a) 镜头定心　　　　(b) 反射式镜头调试　　　　(c) 大口径镜头标定

(d) 杂光测试　　　　(e) 真空测试　　　　(f) 低温测试

图 6 - 4　各种精密装调设备与测试仪器

（4）高素质的人员需求

由于光学遥感器制造过程的复杂性，特别需要高素质的机械制造、光学加工、光学装调与测试技术人员，这类人员需要了解遥感器制造的一般流程、光机装配的常识、常规光学性能的测试方法，需要具备数据及误差分析能力、光学失调仿真计算以及各类精密仪器组合使用的能力，如图 6 - 5 所示。

(a) 零件装配　　　　(b) 镜头集成　　　　(c) 系统测试

图 6 - 5　技术人员进行镜头的精密装调与测试

综上所述，虽然光学遥感镜头在加工、装调、测试、实验验证等各方面都面临技术难度，但是正是这些技术难题的牵引，形成较强的内部驱动力，促使遥感器光学装调技术逐步形成一门独特的技术学科。

6.1.3　空间光学系统装调应关注的设计指标

现代高精度空间光学系统的装调技术是以测试为核心、仿真为指导、操作为保证的过程。因此在装调工作实施前，首先必须对镜头系统不同实施阶段进行技术可行性分析。对镜头的构型、技术指标、图纸要求进行充分理解和消化，是保证可行性的关键。一般来说，在镜头结构及光学设计给出初步设计后，应分析镜头组装各阶段的关键技术及控制要点，对过程中关键零件、部组件的可加工性、可测试性、可装配性进行分析，反复迭代才能最终确定详细的设计形式，并开展实际的装调工作。

遥感镜头的光机构成形式差别较大，镜头本身的结构形式也较复杂，镜头中各零件、部组件以及系统，都会涉及光学装调与测试、专项实验等相关的技术要求。只有充分理解这些技术指标要求，才能有效地制定方案，有条不紊地开展装调与测试工作。

在光学零件相关技术要求中，镜面的面形要求往往是特别重要的指标。它不仅受光学加工能力的制约，也受到后期装配过程中检测及调试能力的约束。有些光学零件需要在加工过程中进行特殊的预处理，如反射镜内部粘接金属镶嵌件、结构零件消应力处理等。

在部组件的主要技术要求中，部组件的外形尺寸、形位公差要求与装配的流程、设备能力相关。如高精度的透镜组件一般有机床定心加工的要求，反射镜组件一般有光轴引出测试的要求。还包括一些特殊的验证测试要求，如对光学组件进行真空放气或低温下的测试的要求。

镜头系统的技术要求中主要涉及装配过程的控制要求，主要包括各关键部组件集成到镜头的装调顺序、过程中的数据判据准则、装调环境控制要求、紧固件锁紧力矩等。后期装调过程中，操作者必须严格按设计要求执行，确保达到设计预计的指标。

6.2　可见透射式系统装调

6.2.1　镜头装调的技术路线

透射式光学系统在空间遥感产品中应用十分广泛，已广泛应用于国民经济、国土普查，森林调查，灾害监测，环境保护，海洋预报，城市规划等多方面、多领域。此类产品多采用大视场无畸变的高精度透射式系统，系统中光学零件数量多、结构紧凑、材料特殊，图 6 - 6 为典型的高精度大视场低畸变透射镜头设计实例。

通常而言，光学系统的成像质量不仅仅受到系统设计像差的限制，也受到加工和装调过程中误差水平的限制。光学系统的各元件相互未对准而使系统缺乏旋转对称性，这样就会产生新的像差。

对一般的镜头而言，镜头出射波前 RMS 达到 0.07λ（λ：工作波长），就基本达到瑞

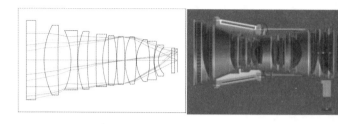

图 6-6　高精度大视场低畸变透射式系统

利判据，成像质量可以达到良好的状态，但是对于高精度的空间遥感镜头而言，由于设计余量很小，对装调的质量因子需求更高，其波前 RMS 有时要达到 0.05λ 以上。表 6-1 和式（6-1）是斯特利尔比（Strehl ratio）与波前 RMS 的对应关系。

表 6-1　Strehl ratio 与波前 RMS 的关系[2]

Strehl ratio	RMS
0.99	0.015 9
0.95	0.035 6
0.90	0.050 3
0.80	0.071 1
0.60	0.100 7

$$D_{\text{Strehl}} \approx 1 - 4\pi^2 W_{\text{RMS}}^2 \qquad (6-1)$$

因此，在装配过程中，根据装调公差要求，严格控制光学元件偏心量是装调过程中的一道重要工序。

在国际上，德国蔡司，日本尼康、佳能等公司在一些高要求的镜头装调过程中已经实现自动化，如日本 SIGMA 公司，通过高效率的生产工艺和先进的加工设备，使较高精度物镜检测和装配的部分工序实现了工业上的自动化。德国 TRIOPTIC 公司研制的全自动光学组件定心设备也可以实现对定制化镜头产品的自动化调试，如图 6-7 所示。

图 6-7　德国 TRIOPTIC 公司透射系统的自动装调及测试系统

而一些更高端、精密的透射部件，如超级分辨率的物镜、光刻机镜头等，则采用了更为先进的定心和辅助装调一体化融合技术。

　　因此，高精度透射式遥感器的装调技术则充分吸取了以上装调技术的优点，并融合自身的特点进行完善。图 6-8 为遥感器可见光镜头装调的常规技术路线。

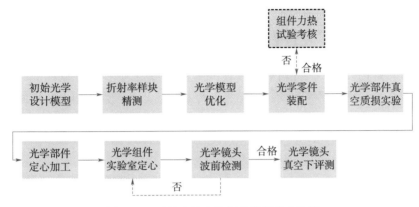

图 6-8　可见光镜头装调的常规技术路线

　　值得注意的是，与常规地面的光学仪器不同，空间光学遥感器工作在真空环境下，透射式镜头是在地面常压环境装调完成的，受透射材料不同压力下折射率变化的影响，必须进行透镜间距或者后截距的调整，才能使镜头在真空环境下获得最佳成像质量。以下是可见光单透镜焦点随压力变化的计算公式：

$$\Delta f = \frac{f n_{\mathrm{g}}(n_{\mathrm{a}}-1)(P-P_0)}{(n_{\mathrm{g}}-1)P} \tag{6-2}$$

式中，f 为焦距；n_{g} 为玻璃折射率；n_{a} 为常温、一个大气压下空气对中心波长 0.6 μm 光的折射率，$n_{\mathrm{a}}=2.68\times10^{-4}$；$P$ 为环境压力；P_0 为标准大气压。

　　图 6-9 显示了单透镜从常压到低压的焦点变化。

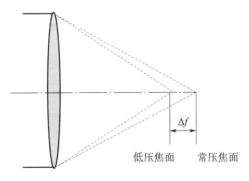

图 6-9　压力变化引起的单透镜焦点偏移

　　为了解决这个问题，地面装调时应按照光学设计计算的真空下透镜间距或者后截距进行预置装调，这种方式完成装调的镜头在常温下测试的结果并不是最佳的，为了验证预置的准确性，必要时镜头还需要进行低压下的像质测试，这是研制中非常重要的一个技术环节。

6.2.2　可见光元件的折射率测试

对于高精度的透射式系统，在光学设计进行首次定型设计后，必须对实际采用的玻璃材料进行折射率测试，根据测试同一块镜坯折射率，光学设计人员需要进行二次计算，对初始光学模型中的镜片曲率半径以及镜间距进行再次优化，同时结构设计人员对再次优化的光机系统进行最终设计，因此折射率测试工作非常重要。

对于可见光材料的折射率测试，现在精度最高的还是基于最小偏向角法原理的测试方法，如图 6-10[3] 所示。

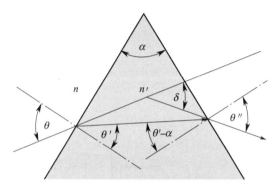

图 6-10　最小偏向角法测试材料折射率的原理

材料的折射率的计算公式为

$$n' = n \left(\frac{\sin\theta\cos\alpha - \sin\theta}{\sin\alpha} + \sin^2\theta \right)^{1/2} \qquad (6-3)$$

也可以表达为

$$n_\lambda = \frac{\sin\left(\dfrac{\alpha + \delta_{\min}(\lambda)}{2} \right)}{\sin\dfrac{\alpha}{2}} n_a(\lambda, P, T) \qquad (6-4)$$

从上式可以看出，该测试方法中对角度的测试要求很高，尤其是顶角的测试精度，图 6-11 表示当系统角度测试精度达到 0.1″时，两种玻璃材料三个波长下的折射率测试误差已经接近 2×10^{-6}。

除此之外，被测样件本身的加工精度、均匀性以及测试时的温度、压力、湿度都会对最终结果带来影响。现在精密折射率测试设备已经由原来的手动精密操作方式改进为全自动化测量方式（见图 6-12），有些光学材料的测试精度可以达到 1×10^{-6}。

6.2.3　部组件微应力装配及验证

单个透射式光学部件的高精度、高质量装调是遥感器光学镜头装调工作中的一个基础，也是一个重点。空间光学系统中的大部分透射式光学件与结构件间连接方式一般采用轴向限位与径向多点胶黏定位的设计方式。这种方式既可以降低玻璃材料与金属结构件连

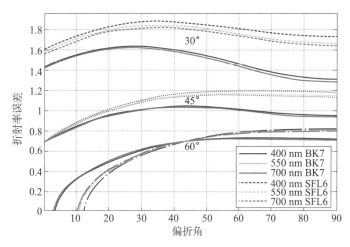

图 6 - 11　测角精度对折射率测试影响

(a) 手动精密折射率测试仪　　　　　(b) 全自动精密折射率测试仪

图 6 - 12　测试材料折射率仪器

接时的装配应力，还能够抵抗后期的较大量级的力学冲击，又可以保持光学元件的表面面形尽量不变。

采用合理的注胶方式，才能确保胶斑的尺寸均匀性并减少胶斑界面的气泡。实现均匀注胶主要的控制措施是对专用注胶设备的注胶气压、时间等进行大量的实验，统计胶斑一致性及力学性能情况，从而进一步确定控制参数。对注胶固化过程中的温度、湿度环境条件也要严格控制。

此外，为了避免黏接剂的可凝挥发物对光学元件的污染，粘接固化后的部组件必须进行真空质损实验，以提前释放胶中的可凝挥发物。真空质损实验，即在真空与高温条件下，对航天器的某些组件进行除气净化处理的实验。实验基本参数一般应符合国家标准的规定。当光学部件胶斑尺寸较大时，真空高温质损过程有可能对光学镜片的面形造成影响，这是必须引起重视的问题。

最后，还会对完成的部组件进行一定量级振动考核，确定其是否能够抵抗住未来在系统中的冲击。图 6 - 13 为某透射镜部件装配、真空质损、振动实验验证后的面形变化，从结果看镜面面形 RMS 的变化值在 0.002λ 以内，达到了微应力、高稳定装配的要求。

 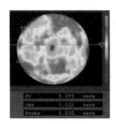 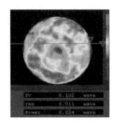 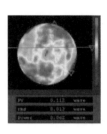

(a) 透镜组件实物图　　(b) 装配后面形图　　(c) 真空质损后面形图　　(d) 振动实验后面形图

图 6-13　某透射镜部件应力变化结果

6.2.4　透镜部组件定心技术

经过滚边设备加工后，透射光学元件本体的外圆或端面与光轴可以保证达到角分左右的精度，而更高要求的透镜元件通常还需要经过后期机床定心，这样透镜装框时只需初步保证透镜居于镜框中心即可。现在的机床定心的精度可达到角秒级，车削精度一般可以达到同轴度或圆柱度优于 0.01 mm，平面度优于 0.005 mm。

机床定心设备通常采用的工作方式是测试球心自准像的轨迹，在机床上通过特制的调节工装把镜片的两个表面球心像调到与机床的主轴严格一致，然后进行车削。图 6-14 中红色边界将是加工去除后的结构边界。有些自动化定心车机床，不需要在机床上人工调整镜框的位置，而是通过计算球心像的运动轨迹，直接对镜框进行车削，使结构的外基准相对机床的运动轨迹与球心像的运动轨迹一致，加工效率更高。

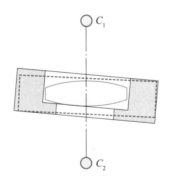

图 6-14　光学部件的机床定心测试原理

6.2.5　实验室组合定心技术

经过机床定心后的光学部件虽然已经达到较高的光机一致性精度，但是对于高精度的镜头而言，需要把透镜部件按顺序装入镜筒中，尤其是某些采用分段式镜筒结构的镜头，这些透镜部件之间的光轴偏差需要达到 $2''\sim3''$ 以上的精度，因此还需进一步的实验室组合定心。值得注意的是，如果某些光学零件本身的等厚差控制精度较差，会对系统组合装配时的偏心判断造成影响，参见图 6-15，对于高精度的镜头而言，这是要尽量避免的情况。

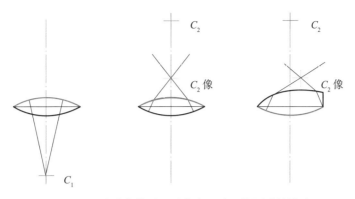

图 6-15　光学件等厚差对内表面球心像测试的影响

相对于机床定心的过程，实验室组合定心过程中除了需要精密的气浮转台以及应用同样自准直测试设备外，还需要类似镜面定位仪这样的设备进行透镜间距的测量，通过精密的垫片修配和微调装置实现透镜部件在镜筒间的位置调整，保证系统中各光学元件光轴的一致性与连接的力学可靠性，实现透射式镜头高质量光学对心，如图 6-16 所示。

图 6-16　高精度实验室组合定心装配

在实验室组合定心测量过程中，对于光轴的定义有两种方式，一种是以机械轴为统一基准，每个镜片的偏心量都相对机械基准进行计算。另一种是以镜片的球心像坐标位置进行最小二乘拟合，归一化一个近似光轴，每片透镜的偏心量都相对这个虚拟轴进行计算，两种情况可参见图 6-17。第一种计算方式代入光学设计软件中进行复算更接近实际情况，因此多以这个测量结果作为评价。

该技术定心精度可达到 ±1 μm，测量透镜元件数可多达 20 个，高集成化数据采集处理模块能实现与光学设计软件良好的对接。

镜头组光轴的计算　　　　　　　最佳光轴的计算

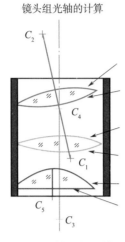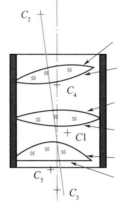

(a) 基于机械轴的偏心计算　　　　(b) 基于最佳光轴拟合的偏心计算

图 6 - 17　两种光轴拟合的偏心计算方式

6.2.6　基于组合定心的计算机辅助装调技术

有些更高精度的透射式镜头，公差十分严格，有时即使经过严格的实验室组合定心依然无法完全达到设计要求，这就需要采用计算机辅助装调的技术手段进行优化调整。计算机辅助装调技术针对没有色差的全反射式镜头的调整是十分有效的，对于存在色差的透射式系统则有一定限制。高精度遥感器的透射镜头一般都需要进行严格的复消色差设计，因此采用单一波长干涉测试时，还是可以准确地判断镜头失调情况。

计算机辅助装调技术对于镜片过多的透射镜头而言，由于每个镜片中都包含了厚度、平移、倾角误差，这使得直接利用光学软件进行失调解算的方程过于复杂，容易产生奇异解。因此需要在实验室组合定心的基础上，尽量减少变量，优选合适的补偿元件进行有效的调整。对各镜片偏离与像差的灵敏度进行分析，是十分关键的一步。图 6 - 18 是通过光学设计软件计算的某镜头的灵敏度矩阵。

从矩阵的计算结果可知，镜头组中第三个表面对各个像差的灵敏度都十分敏感，因此这个透镜在实验室组合定心过程中，应该十分严格地保持与镜头结构的基准完全一致，可以选择第一片透镜对系统的像散进行补偿，通过最后一片透镜对系统的球差进行补偿，选择第三片透镜进行镜头畸变的适当补偿。当然，如果系统的镜片数量过多，有许多镜片的灵敏度量级十分接近，那么应该选择镜头结构中容易进行操作的部件作为补偿元件，如第一片和最后一片透镜，或者是分段透镜组结构中最外面的一个透镜。

图 6 - 19 为经过实验室组合定心后的透射式镜头进行实际的计算机辅助装调的实验结果。

从实验结果看，通过调整某个或某组透镜的位置来补偿整个系统的失调，可以减小系统像差，进一步提升镜头装调质量和效率。

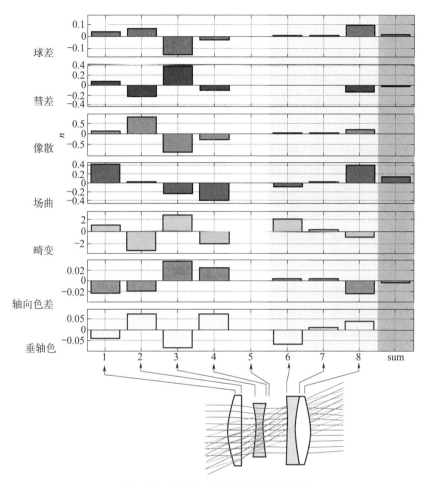

图 6 - 18　某镜头的灵敏度矩阵的解算

(a) 定心后RMS 0.085λ　　　(b) 像散补偿 RMS 0.065λ　　　(c) 球差补偿RMS 0.042λ

图 6 - 19　某透射镜头经过辅助装调后的结果

6.3　红外透射式镜头装调

根据不同空间遥感应用领域需求，红外透射式光学镜头的工作谱段可分为短波、中波以及长波三个谱段。红外镜头多采用 CaF_2、MgF_2、ZnS、$ZnSe$、Si、Ge 等光学材料，受这些材料制造能力的限制，口径超过 300 mm 的红外透射式镜头可称得上大口径红外镜头了。有时红外镜头还可以作为中继系统与前端的大口径反射式镜头相配合，以提高遥感器的探测能力。在红外光学系统中一般要考虑冷光阑效率问题，即光学系统的出瞳位置应与红外探测器的位置相匹配，这样前端的光学系统一般不需要很低的温度，只要在出瞳处设置冷屏即可保证系统的探测信噪比。这样的红外镜头一般可以称为常温红外镜头，如图6-20所示。

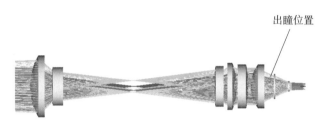

图 6-20　某常温红外镜头（谱段 2.60～4.50 μm）

而有些红外镜头，受设计边界的限制，无法完全满足系统冷光阑匹配的要求，或者对系统的信噪比要求非常苛刻，这时就需要光学镜头采用部分低温或是全部低温设计，这种温度的跨度有时可以达到150K，这样的红外镜头一般可以称为低温红外镜头，如图 6-21 所示[4]。由于这种红外镜头设计形式与常温透射式系统有较大差别，对光学装调以及实验验证带来了极大的挑战。

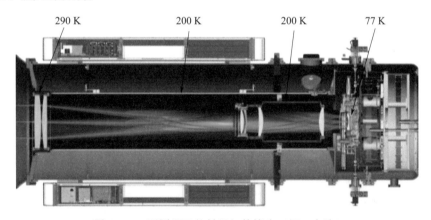

图 6-21　不同温区的低温红外镜头（短、中波）

6.3.1　红外透射镜头装调技术路线

高精度红外透射式光学部件装调前，需要对所有元件加工的参数进行准确的测试。对于常温红外镜头而言，装配过程与可见光透射式镜头实际装调过程十分相似，会根据装调公差要求，严格控制光学元件偏心量。由于红外晶体材料的零件可以采用单点金刚石车床进行加工，加工设备的精度可使零件本身的光轴与结构外形的一致性精度达到很高的水平。一般来说光学零件的外形精度可以达到 1～2 μm，光轴的角晃动量可以达到 10″甚至更高。因此有些中小口径的镜头可以直接通过加工设备把光学件及支撑的结构件加工到位，后期完全采用紧装配的模式完成，如图 6 - 22 所示。

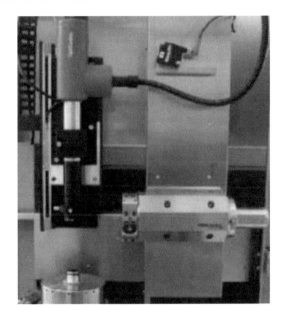

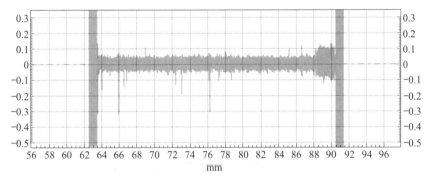

图 6 - 22 单点金刚石机床加工红外部件与轮廓度测试结果

对于精度要求更高一些的红外镜头，还可以进一步进行实验室的组合定心，受定心设备的能力限制，实验室红外镜头组合定心的能力达不到可见光镜头的水平，测试精度可以保证在 $10''\sim20''$ 之间。有一些别的方法可以提高实验室组合定心的精度，但是并不通用，需要针对被测镜头进行特殊的测试方案设计，成本比较高。

对于低温红外透射镜头而言，除了要解决镜头元件的中心对准问题，在装配前必须解决如何精确标定光机零件材料在低温下的特性问题，主要包括低温下折射率、低温下光机材料的热膨胀系数、弹性模量、粘接强度、粘接应力等参数的标定。装配过程中必须解决如何确保部件级光机结构装配时黏接剂的成型与位置精度问题，解决部件或镜头系统在低温下的性能标定问题。由于温度跨度大，这些在低温下需要展开的工作，对配套的实验装置要求极其苛刻，有时需要大量的时间与金钱的投入。图 6 - 23 为红外透射式镜头装调的常用技术路线。

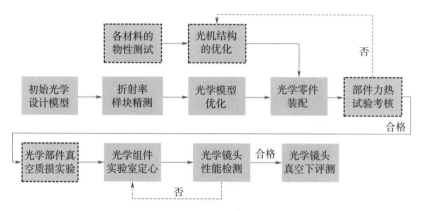

图 6-23　红外透射式镜头装调的常用技术路线

6.3.2　红外元件折射率测试

与可见光透射式镜头一样,高精度红外镜头也需要进行光学材料的准确折射率标定,以便开展后续的优化或光机结构预置工作。但是在低温下实现这种标定是十分困难的。虽然低温材料折射率测试有任意测角法、椭圆偏振法等方法,但是精度最高的依然是最小偏向角法。美国 GSFC 的高精度低温红外折射率测试系统(Cryogenic, High Accuracy Refraction Measuring System, CHARMS),是红外折射率材料测试精度很高的设备,CHARMS 的波长测试范围从 $0.1~\mu m$ 扩展到了 $20~\mu m$,温度从常温延伸到 40 K,有些材料特定条件下的绝对测试精度可以达到 $\pm 1 \times 10^{-5}$,如图 6-24[5]所示。

图 6-24　CHARMS 低温折射率测试设备构成图

该测试系统的硬件主要由真空低温罐、光学测量系统、光源与探测系统、精密测角系统、测控温系统组成。影响系统准确度的四个主要因素包括测试波长、温度、棱镜顶角以及棱镜自身参数。设备解算时需要根据 Sellmeier 模型,确定总拟合参数需求,然后在所需温度范围内以及所需波长范围内,选用一定数量的波长、一定温度点对被测棱镜进行最小偏角测量,得出参数表。

为了获取更准确的折射率测试结果,对被测棱镜的制备也有较高要求。由于测试的温度、波长、带宽等组合参数非常复杂，因此在实施前还要制定合理的测试策略，尽量减少环节过多带来的额外误差。

6.3.3　红外部组件的装配与测试

红外透镜装配需要考虑很多因素，如镜片材料、制造公差、装配以及拆卸方法、定心方法、防污染、安装应力、操作安全性等。但是，首要考虑的还是镜片以及镜框的热收缩率（CTE）不同而出现的大温度落差的径向变形问题，这对于低温下工作的镜头尤为重要。在设计形式上，部件一般可采用弹簧预载型镜片装框设计（Spring loaded lens mounts）与柔性镜头装配（Flexure lens mounts）方式，非调整型定位约束方法是接近理想约束的方法，如图 6 - 25[6] 所示。装调过程需要对透镜本体位置、倾斜角度、相对位置进行精确测量及控制。

图 6 - 25　特殊的径向卸载透镜部件设计

同可见光透镜粘接一样，红外透镜在使用黏接剂时，也要采用定制的专用设备进行注胶，在这之前需要大量的工艺实验进行定量化参数的确认，必要时应实时监控正式产品在注胶过程中的胶斑变化情况。值得注意的是低温胶的 CTE 要大于被粘接的材料，当温度大幅降低时，注胶孔内残留的胶会迅速收缩，造成应力集中，即所谓的冲孔效应，操作时需要特别注意避免这种情况的发生。

以某低温红外镜片为例，在胶接前，采用多自由度调整机构以及圆形三点均布的高精度位置传感器（<0.1 μm）在线监控调整结构环与镜片之间的同轴心、平行、相对高度，调节到位后，通过注胶系统完成镜片与柔性环的注胶。胶斑直径和厚度通过摄像头检测，注胶质量通过激光检测，如图 6 - 26[7] 所示。

这种透镜组件必须经过大温度落差冲击的测试验证。而低温位置稳定性测试就复杂得多，如使用非接触式光纤传感器，还需要对这些传感器低温下的精度进行单独标定。除了位移量测试，单镜组件还需要进行低温下面形测试。

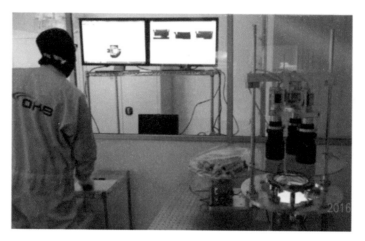

图 6 - 26　某低温红外镜片装配

6.3.4　红外镜头实验室定心

　　由于红外透射元件可以使用高精度的单点金刚石车床进行加工，其外形的基准可以达到较高的精度，因此高精度的红外镜头有时只需要采用实验室组合定心的方式进行最终的精密调试。受测试设备工作原理不同，红外透镜的定心装配方式也会有所差别。一般来说，可以分为可见光双光路定心设备和红外定心设备。

　　可见光双光路定心设备，可以通过上下两个自准光路分别观测透镜的上下表面球心像相对于转台的晃动量，通过精密调整使得球心像连线与转轴一致，如图 6 - 27 所示。

图 6 - 27　Trioptics 公司双光路定心仪

　　当第一片透镜定位后，安装第二片透镜，由于设备只能观测到可见光图像，此时通过观测第二片透镜的上表面球心像进行调整使得上下两个表面球心连线依然同轴，以此类推，最终完成装配，原理如图 6 - 28 所示。

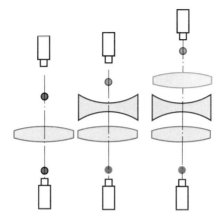

图 6 - 28 利用双光路定心仪进行镜头装配方式

上一种装配方式是利用了元件自身的加工精度较高的特点，但是对于光学元件数量多、精度的要求苛刻的镜头的情况，有时出现以下问题，造成一定的偏心误差，如图 6 - 29 所示。

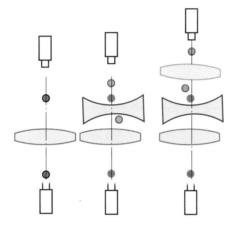

图 6 - 29 双光路进行镜头装配的偏心情况

为了解决以上难题，可以采用一种改进型的装配方式[8]，如图 6 - 30 所示。这种装配方式要求每一个透镜部件都装配一个结构框，而不是直接装入镜筒中，装配过程需要将镜筒与转台调节到非常高的精度，同时稳定可靠地固定住，必要时需进行位置传感器的实时监测。这样透镜组件在双光路定心仪上精密调整后，利用配置的销钉进行定位，取出后，重复下一片的调整，最后按照装配顺序，以销钉进行复位，完成所有镜片的安装，同时观测上下两个透镜的上下表面球心像进行复验。这种方法的缺点在于结构需要较大的空间，结构的刚度要求较高，因此镜头的尺寸和重量一般较大。同时配置销钉时存在对零件划伤和污染的风险。

另一类定心设备直接采用红外成像的模式，也可分为两种工作模式，一种采用红外黑体光源与红外探测器匹配进行自准直球心像的探测，但是由于红外探测器的灵敏度问题，

图 6 - 30　双光路进行红外镜头装配的改进形式

经过多片红外透镜后，球心像的能量会急剧下降，球心的质心探测精度就会有影响，甚至探测不到，因此这种方式只能进行少量红外元件的透镜的测试与装调工作。另一种红外定心设备采用了红外激光作为光源，提高入射与反射能量，通过透镜顶点的自准直像进行测试，其原理如图 6 - 31 所示。

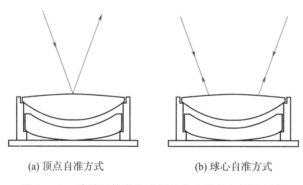

(a) 顶点自准方式　　　　　　　(b) 球心自准方式

图 6 - 31　采用红外激光光源的定心设备与测试原理

　　由于红外透镜一般采用金刚石车床加工而成，有时不能达到可见光透镜的抛光精度，因此如果透镜顶点的局部面形有加工缺陷或是细微划伤，会造成反射光线的散射，从而引起探测精度下降，这是要尽量避免的情况。

　　有些红外镜头中的镜片大量采用二次和高次非球面，对于以上两种定心设备而言只观测球心和顶点像有时不能反映真实的光轴特性，因此还有一种特殊的基于 CGH 衍射元件进行干涉测量的方式进行中短波红外镜头系统装配，如图 6 - 32[9] 所示。

　　这种方法充分利用了 CGH 衍射片的制造精度，在同一块 CGH 基片上分区域对准被测透镜的顶点、环带区域的镜面反射波前。当依次安装不同透镜时，通过测试环带的干涉波前的倾斜量来确定不同透镜的偏心情况，这种测试精度可以达到微米级的精度，但是前提是每个部件本身装入镜头前的偏心并不大，否则容易超过干涉测试的范围。

　　随着红外干涉仪的技术越来越成熟，也可以采用可见光透射式镜头计算机辅助装调的模式进行高精度红外镜头的精密调整工作。此外，空间的红外透射式镜头同样要考虑气压变化的透镜间距或后截距预置问题。当然，对于低温镜头而言，大温差引起的镜头结构变化，也可以采用镜间距与后截距预置的方式进行装配。

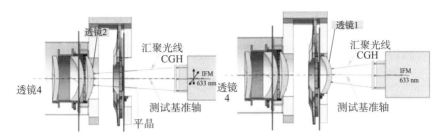

图 6 - 32　基于 CGH 元件测量进行红外镜头装配

6.4　中小口径反射式系统装调

6.4.1　镜头装调技术路线

随着光学加工、光学测试与仿真技术的发展，自 20 世纪 90 年代以来，空间光学遥感器开始大量采用全反射式光学系统作为主要的载荷形式。由于不存在色差和二级光谱，全反射式系统适合宽谱段范围的成像。通过灵活的设计手段，既可以利用折转反射镜折叠光路缩小体积，又可以使用非球面镜来获得长焦距、大视场、大孔径的组合。随着技术的发展，全反射式空间光学遥感系统的口径越来越大，对光学装调而言是巨大的挑战。轻小型光学遥感器光学系统采用的形式有离轴 TMA、同轴 TMA 和 RC＋校正镜等几种基本形式。小于 700 mm 口径的反射式空间光学系统，可称得上为中小口径系统。轻小型光学遥感器大量采用高强度、低密度、低膨胀系数的材料作为反射镜及光机结构材料，如超低膨胀率玻璃、SiC、殷钢与碳纤维增强复合材料、铝材等材料。有些新材料具有质量轻、比刚度大、稳定性高和性能可设计等特点，有利于光机结构的精密级技术集成，大大提高了遥感器的性能。

中小口径全反射式遥感镜头的光学装调技术已广泛以计算机辅助装调作为核心控制的手段，计算机辅助装调技术是以公差补偿型为目标进行镜头装调的模式，虽然辅助装调可以在较大的范围内进行部件的位置寻优解算，但是考虑到镜头结构的空间限制，一般来说，进入辅助装调之前，系统应该达到一定的初装精度，这就需要保证系统中零部件的加工精度和装配与测试精度达到一定的要求。另外，常规的辅助装调算法不考虑反射镜的面形或几何参数的误差，因此在装配全过程中应尽量确保反射镜的面形不受影响，以免造成仿真计算产生奇异解。由于受光机结构轻小型化的影响，在整个装调过程中，既要保持零部件的面形精度，又要保证零部件的位置稳定度，同时还要保证装调的便捷与高效性，是技术人员必须面对的问题。高精度中小口径全反射式镜头的光学装调的常规技术路线如图 6 - 33 所示。

与透射式镜头不同的是，虽然反射式光学遥感器也在地面常压环境装调完成，工作在真空环境下，但是其没有透射元件折射率变化的影响，并不需要进行镜间距和后截距的预先修正以克服气压影响，但是有些口径较大、质量较重的镜头，受重力影响也有可能进行后截距地面预置的工作。

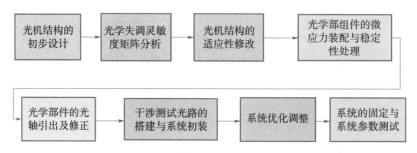

图 6-33　高精度中小口径全反射式镜头装调的常规技术路线

6.4.2　计算机辅助装调技术

20 世纪 80 年代，随着光学材料、光学加工制造技术的发展，大口径、非球面等光学元件的应用有了重大的进展。当光学设计、加工技术取得重大突破后，光学装调技术就成为保证系统质量的最终屏障。美国 Itek 公司最早提出利用计算机辅助装调的思想，并对一个高分辨率、全反射、大视场角的系统进行了模拟调试。哈勃望远镜 1990 年入轨后发现主镜残余球差较大，因此在地面，通过计算机辅助装调技术对校正镜进行调试安装，1993 年由航天员把地面调整好的校正镜在轨与原系统配装，彻底改善了 HST 的成像质量，自此以后计算机辅助装调技术在国外逐步走向成熟。国内从 20 世纪 90 年代末开始进行计算机辅助装调技术的研究，北京空间机电研究所和长春光机研究所是国内较早采用该技术完成空间遥感器装配的单位。

计算机辅助装调的基本原理是在像差分析的基础上发展而来的。简单来说，一个光学系统的成像质量由系统的像差决定，光学系统的像差由系统的结构参数决定。光学系统的波像差 $W(x, y)$ 的数学表达式为

$$W(x,y) = A(x^2 + y^2)^2 + By(x^2 + y^2) + C(x^2 + 3y^2) +$$
$$D(x^2 + y^2) + Ex + Fy \tag{6-5}$$

数学上，系统像差是结构参数的函数。一个理想光学系统的失调量就是光学系统初装后各元件的初始位置与设计的位置存在的偏差，它导致光学系统的成像质量下降。对光学系统进行计算机辅助装调就是根据光学系统像质的变化确定系统的失调量，从而指导装调过程有目的地进行。

计算机辅助装调软件的使用过程中，数学模型的建立是第一步，而该模型是基于这样的一个事实：光学系统的失调量，即表示系统组装后各元件的位置与设计位置存在的偏差量，会引入新的像差，使波像差变大，系统成像质量变坏。而确定失调量的问题从数学角度来看就是建立失调量与引入像差之间的关系。

系统的像差与各元件位置结构参数二者之间用函数关系表示为[12]

$$\begin{pmatrix} F_1 \\ \vdots \\ F_m \end{pmatrix} = \begin{pmatrix} f_1(x_1, \cdots, x_n) \\ \vdots \\ f_m(x_1, \cdots, x_n) \end{pmatrix} \tag{6-6}$$

式中，f_j 代表像差与镜面位置之间的函数关系。这是一个十分复杂的非线性方程组。利用幂级数展开，并只选取幂级数的一次项，可以近似地用线性方程来代替：

$$F_j = F_{0j} + \frac{\partial f_j}{x_1}(x_1 - x_{01}) + \cdots + \frac{\partial f_i}{x_n}(x_n - x_{0n}) \qquad (6-7)$$

式中，F_{0j} 为系统设计时残留的理论像差值；x_n 为原设计系统各镜面的位置结构参数；F_j 为像差的当前测量得到的值；∂f_j 为像差对各个位置参数的一阶偏导数。用差商来代替微商，可以得到像差与位置结构参数之间的近似线性方程组：

$$\begin{pmatrix} F_1 \\ \vdots \\ F_m \end{pmatrix} = \begin{pmatrix} F_{01} \\ \vdots \\ F_{0m} \end{pmatrix} + \begin{pmatrix} \dfrac{\delta f_1}{\delta x_1}\Delta x_1 + \cdots + \dfrac{\delta f_1}{\delta x_n}\Delta x_n \\ \vdots \\ \dfrac{\delta f_m}{\delta x_1}\Delta x_1 + \cdots + \dfrac{\delta f_m}{\delta x_n}\Delta x_n \end{pmatrix} \qquad (6-8)$$

用矩阵来表示：

$$\Delta \boldsymbol{F} = \begin{pmatrix} \Delta F_1 \\ \vdots \\ \Delta F_m \end{pmatrix} = \begin{pmatrix} F_1 \\ \vdots \\ F_m \end{pmatrix} - \begin{pmatrix} F_{01} \\ \vdots \\ F_{0m} \end{pmatrix} \qquad \Delta \boldsymbol{X} = \begin{pmatrix} \Delta x_1 \\ \vdots \\ \Delta x_n \end{pmatrix} = \begin{pmatrix} x_1 \\ \vdots \\ x_n \end{pmatrix} - \begin{pmatrix} x_{01} \\ \vdots \\ x_{0n} \end{pmatrix}$$

$$\boldsymbol{A} = \begin{pmatrix} \dfrac{\delta f_1}{\delta x_1} \cdots \dfrac{\delta f_1}{\delta x_n} \\ \vdots \\ \dfrac{\delta f_m}{\delta x_1} \cdots \dfrac{\delta f_m}{\delta x_n} \end{pmatrix} \qquad (6-9)$$

则有：

$$\boldsymbol{A}\,\Delta \boldsymbol{X} = \Delta \boldsymbol{F} \qquad (6-10)$$

其中，$\Delta \boldsymbol{X}$ 为系统中各片镜面需要调整的变化量，即失调量。通常包括沿 x 或 y 轴的移动量、转动量，各镜面的轴向间隔。$\Delta \boldsymbol{F}$ 为各校正对象的实测值与光学设计值之差，由当前的光学系统的波像差实测值和光学设计结果数据来确定。校正对象包括影响光学系统特性参数的高斯光学参数和代表系统成像质量的波像差。$\boldsymbol{A}$ 为灵敏度矩阵，是根据光学设计数据，利用公差计算程序确定的已知数据。其计算的具体步骤是：利用光学设计软件，把原始系统的某个结构参数改变一个微小增量 δx，系统的波像差要发生改变，引入初级像差。计算出 Zernike 多项式系数，并从中提取初级像差，这样可以得到相应的像差变化量。通过干涉测量，对被测波面进行拟合，按照 Zernike 多项式展开。用 Zernike 多项式表示的像差系数，确定被测波面中包含的像差及其比重，分离试件自身所带的像差及调整所带来的误差，如像散、彗差，以指导光学设计与光学系统调试。

通过研究光学系统失调量与像差之间的关系，建立光学系统装调的数学模型，分析实现计算机辅助装调的技术途径，提出并确定装调研究方案，制定计算机辅助装调的具体步骤。一般来说，光学系统的计算机辅助装调主要分三个步骤：光学系统的像质检测、失调量求解和光学系统调整。最后值得注意的是，一般成像系统只考虑初级像差中的像散、彗差、球差作为补偿优化对象，但是对于无焦压缩光路系统而言，离焦像差应该作为更重要的像差变量进行仿真以便严格控制。

6.4.3　非球面反射镜光轴引出

基于辅助装调技术的反射式镜头装调是要求有一定的初装精度的，镜头中各光学零部件在装入整体框架前，应尽量保证光学轴与结构基准保持一致，这种装配精度至少要保证干涉仪在系统测试时能够准确识别的水准，一般来说干涉仪测试系统波前的 RMS 值应该在 2～3 个波长以下。图 6-34 为某个同轴系统，当其中的主反射镜相对理论安置位置倾斜 0.05°，径向平移 1 mm 时，光学设计软件中模拟系统初始的波前的结果为 RMS：2λ（λ：0.632 8 μm）。

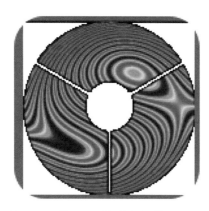

图 6-34　某三反系统模拟初装分析结果

按照以上的仿真模拟分析，考虑到其他反射镜初始定位也会存在一定的误差，那么这种装配状态下干涉测量镜头时，有可能的测试波前结果会更差，因此应尽量保证主反射镜的初始定位精度小于仿真计算的结果。为了克服初始干涉测试的困难，需要一些特殊的测试及后加工手段确保装配光学部件时光学与机械基准能够达到较高的一致性。下面就介绍几种测试非球面反射镜光轴的方法。

1）环带矢高测试法。非球面反射镜定心借鉴了透镜反射像定心的基本原理，定心仪与非接触位移传感器相结合，测试反射镜不同环带的矢高差，通过公式计算得到反射镜光轴与机械轴的偏差角度，该测试方法通常可以达到角分级精度，后期可根据测试结果调整反射镜在结构框中的位置或修配结构框的端面使得光机基准达到一致，如图 6-35 所示。

$$\tau = \arctan\left(\frac{A}{\sin(\delta) \cdot g}\right) \approx \frac{A}{\sin(\delta) \cdot g} = k \cdot A \qquad (6-11)$$

$$k = \frac{1}{\sin(\delta) \cdot g} \qquad (6-12)$$

式中，τ 为反射镜光轴倾斜角；A 为测试的失高变化量；k 为反射镜倾角变化比例因子。

2）无像差共轭测试法。对于同轴系统而言，大多是从卡塞格林或 RC 两镜系统演变而来，因此对于镜头中主反射镜的几何参数一般采用十分接近抛物镜的设计方式，这就为

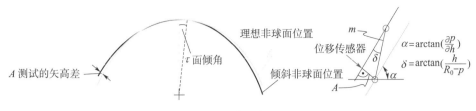

图 6 - 35　环带矢高测试原理

测试主镜光轴带来了极大的便利，因为反射镜的面形测试可以采用无像差共轭测试的光路进行测试。

这样系统完全可以补偿到十分理想的波前质量。当系统中反射镜的光轴与平面镜或平晶有微小的夹角偏差时，测试的波前质量会急速下降，产生比较明显的彗差形状。该测试方法通常可以达到角秒级精度，这样通过经纬仪、激光跟踪仪等辅助设备即可准确测得反射镜光轴与其结构安装基准的偏差，如图 6 - 36 所示。

图 6 - 36　反射镜光轴偏斜模拟分析结果与光轴引出测试

3) 基于 CGH 测试。应用 CGH 检测非球面，尤其在检测大口径凹、凸非球面镜方面取得了很高的检测精度，这种 CGH 在主检测区域之外，往往会设计其他辅助功能区域，包括主区域，对准区域和基准区域，典型分布如图 6 - 37[10] 所示。

使用光学设计软件模拟检测光路，进行失调分析，考察该光路对反射镜实现零位检验时，反射镜空间位置的确定精度。搭建 CGH 对反射镜的检测光路，通过对准区域实现 CGH 和干涉仪的相对位置调整，利用激光跟踪仪等设备可实现光路的测量，该方法更适合离轴反射镜的测量，对离轴量的测试可以达到毫米以下的精度。

4) 利用 OFFERN 补偿器测试。利用 OFFERN 补偿器进行反射镜面形及光轴偏差测试是比较普遍的方法，但是这需要补偿器透镜组的装配结果达到十分高的精度，装配时要求补偿器的机械基准（如镜筒的端面及圆柱段）严格一致，并通过工艺平晶或激光跟踪仪靶球引出，这样在补偿器测试时，严格控制补偿器至反射镜的距离，测量在此状态下反射镜的最佳无彗差面形，来进行反射镜光轴与机械结构的偏差测试。

图 6 - 37　CGH 的不同工作区

6.4.4　光学部件精密装配与实验验证

　　相对于透射式光学部件，反射式光学部件与结构件装配时的精度要求更高，尤其在面形控制方面，一般允许 0.003λ（λ：$0.632\ 8\ \mu m$）以下的变化量。反射镜部组件安装，一般分为弹性胶悬浮支撑定位与离散式固定支撑定位两类。弹性胶悬浮支撑定位光学部件的装配方式与透镜部件极为相似，主要是采用侧面胶点支撑与轴向挡块限位相结合的方式，其中最常使用的是特定的硅橡胶作为连接剂，配合专用的注胶设备可以控制胶斑大小的一致性。对于离散式支撑，主要采用反射镜背部或侧面支撑点处粘接与反射镜材料热特性相匹配的嵌块。柔性支撑结构与嵌块连接，通过各点的约束实现对反射镜的位置控制。这里最常使用环氧类结构胶作为连接剂，配合专用的注胶设备可以控制胶层厚度的一致性。虽然这种光机结构比较简单，但是如果粘接的效果未能达到设计要求，那么其危害性也较大。这是由于胶层厚度不一致会引起嵌套金属件对胶层的拘束作用下降、内应力不稳定，严重时会使得粘接强度下降，因此必须严格控制注胶的质量。

　　一般来说，在反射镜背部粘接的镶嵌件位置较深时，或者镶嵌件的粘接面宽度较窄无法精确定位时，可以根据反射镜粘接孔的位置及反射镜的形状设计外置工装来保证胶层厚度，如图 6 - 38 所示。当选择的胶黏稠度过大时，只能通过间接的测量或依靠工装来保证胶层厚度，这样容易引入测量或工装件的形位误差。

　　还有一种通过空心玻璃微珠准确控制镶嵌件与镜体粘接间胶层厚度的方法。微珠流动性好，不会产生收缩率不一致的弊病，只要选择匹配的玻璃微珠直径，即可实现对胶层厚度的良好控制，同时还可以适当调整胶的热膨胀系数。在具体使用之前，最好针对粘接剂进行不同的玻璃微珠配比实验，一般采用特殊的正交实验验证，确定出粘接强度、收缩应力与不同体积比的玻璃微珠的胶黏关系。

　　在正式装配前，一定要设计好合理的装备，确保光学部件进入结构过程的安全。如光

图 6-38　某反射镜镶嵌件粘接的辅助定位

学元件装入结构件时应定制升降支撑工装（见图 6-39），并在结构件上设置通孔以通过升降支撑工装的升降杆。

图 6-39　反射镜部件入框的定制设备

　　反射镜部件需要在粘接后进行振动、真空放气等消应力处理，这些操作的时机、工作条件、防护手段也是十分重要的。一般来说，这种交变处理应该覆盖未来反射镜进行镀膜的温度边界以及厂商推荐的胶固化温度参数。

　　安装完成的部件可以通过光学的方法测试反射镜光轴与结构配合件机械基准之间的角度关系。根据测试结果可以对镜头中基准反射镜的连接结构面进行修配，以保证光机基准的一致性，一些在镜头中折转光路的平面镜组件，也可根据以上基准进行定位安装。有些核心的光学部件在安装完成后，还需要进行振动稳定性验证，确保部件在镜头中可以承受相应量级的力学冲击。

　　在某些特定条件下还要考虑面对意外情况的特殊处理手段，例如如果实验件没有通过实验考核，必须把反射镜从已经粘接好的结构件中取出。对于环氧结构胶进行粘接的元件，一般可以通过局部高温烘烤的方式使胶层破坏，有时需要达到 200 ℃以上的高温，如果胶量过多或结构过于复杂，还可以考虑通过机械加工的手段对镶嵌件进行去除。

经过精心装配和热真空、振动实验验证后的光学部件还必须进行另一项重要的考核项目，即与真实的主承力结构进行微应力装配，对于高精度的光学元件，装配后面形变化要求达到 0.003λ 以下。此时光学部件要面对的几个难点分别是重力的影响、规定的锁紧力矩以及连接面强迫位移（enforced displacement）影响。

首先，在镜头装调中，口径较大（$\geqslant 400$ mm）的主反射镜面形会受到自身以及前置镜头结构悬臂的重力影响，如图 6-40 所示。

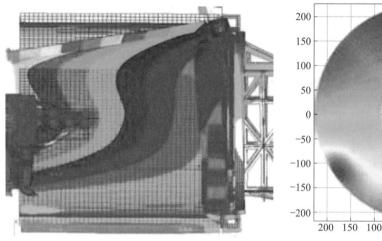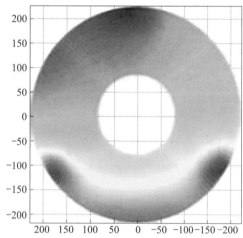

图 6-40　反射镜在主体结构时的重力面形 RMS=4 nm

因此，对要求较高的光学部件，有时需要进行相关的测试实验，来验证装配后的部件受重力影响是否与设计仿真的基本一致，同时增加必要的卸载手段，保证重力影响最小化。

其次，要考虑反射镜部件安装到主体结构上，螺钉预紧力给反射镜面形变化带来的影响。一般来说，反射镜部件主要由镜体、镜体支撑件、连接螺钉及连接环节组成，螺钉连接结构既需要反射镜镜框的连接有足够的连接强度能够克服未来力学冲击的影响，又要保证施加螺钉预紧力后反射镜镜框变形导致的反射镜面形变化在允许范围内。图 6-41[11] 是对某反射镜连接螺钉不同力矩预紧对反射镜面形影响的分析。

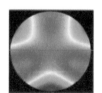

PV=0.087λ　　　PV=0.118λ　　　PV=0.149λ　　　PV=0.160λ
RMS=0.013λ　　RMS=0.019λ　　RMS=0.025λ　　RMS=0.032λ
(a) M=5 N·m　　(b) M=10 N·m　　(c) M=15 N·m　　(c) M=20 N·m

图 6-41　某反射镜部件不同力矩预紧的设计仿真分析

该反射镜部件经过多次安装连接紧固实验，最终确定拧紧力矩采用 18 N•m，反射镜的实测 RMS 值为 0.023λ，这与实际计算的结果极为接近了。实际操作时，预紧的力矩应该逐步增加。

强迫位移是因为不同部件间采用平面连接时，彼此的连接面存在一定的平面度误差，通过螺纹预紧后造成的结构件微量屈服变形。特别是当光学部件与主体结构连接时，由于强迫位移会引起光机结构的形状改变，这种变形传递到光学件后使得光学零件的面形质量下降，如图 6 - 42 所示。另一方面，带有强迫位移的部组件在振动过载过程中，由于连接应力的变化，也极有可能造成微小的位置度变化，对于高精度的遥感镜头而言，这都是需要尽量避免的。

(a) RMS(6 nm)　　　　　　　　(b) RMS(3 nm)

图 6 - 42　反射镜不同连接点加入 0.005 mm 的面形变化分析

虽然大部分的光学结构在设计上都要考虑柔性卸载，但是由于反射式光学零件的精度要求高，因此在光学部件装入主体框架中时，还需要在监控面形情况下考察实际连接面平面度对镜子面形的影响，通过实际的测试结果，还可以进一步对局部连接点进行适当的研磨修配，直至面形在连接后不发生变化。

6.4.5　三种典型的系统装调技术

1）反向优化法。在确定实施装调前，可通过光学设计软件模拟不同反射镜失调的计算与仿真，通常有下面三方面的分析：系统装调的灵敏度矩阵、各失调量与像差的关系、各失调量之间的补偿关系，后两项分析也是基于灵敏度矩阵的。灵敏度矩阵中列出了不同反射镜移动同量级的失调量对系统像差的影响权重比。下面以一个焦距 1.7 m，视场角 6°的离轴三反系统为例，演示如何利用反向优化法，实施合理的装调流程[12]，如图 6 - 43 所示。

该系统主镜对像散的影响最敏感，三镜比次镜更敏感，三镜有 3～4 倍于次镜的灵敏度。因此，可以确定以主镜为基准，优先调节三镜，少量调节次镜的基本思路。其次考察各失调量与像差的关系，次镜的偏心与倾斜都会带来像散与彗差，其中，倾斜对像散贡献更大，而偏心与倾斜对彗差的影响大致相当；三镜的偏心只带来像散，倾斜为最灵敏的失调量，对系统的彗差与像散均影响最大。第三考察各失调量之间的补偿关系。若次镜存在较大的偏心量时，只需很小的倾斜量就能将它予以补偿，可以利用这种关系简化装调过程，如当偏心和倾斜都存在误差时，可以调整倾斜变量来补偿偏心误差或者调整偏心变量

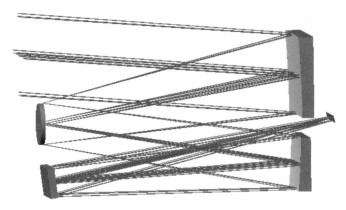

图 6 - 43　某离轴三反系统的光学模型

来补偿倾斜误差。

此外,光学元件面形的误差与各自由度之间也有补偿效果。任何光学元件的加工不可避免地会引入一定的面形误差,这种残余误差会使光学系统成像质量下降。在进行光学系统调整时,面形误差与光学元件位置度误差交织在一起,很难将它们分离出来。因此需要对零件加工、装配各个环节进行严格控制,尽量减少面形误差对系统的影响。

2) 基于光阑限制的系统调整技术。在反射式系统装调过程中,可以利用各种光阑限制的方法,确定各反射镜在主体结构中的空间位置,这样可以使设计的光学系统与真实的相机结构尽量保持一致,一方面可以确保系统调整的效率,另一方面还可以确保成像光线与后端焦面组件的完美衔接,对一些含有复杂分光元件的焦面组件而言,这显得尤为重要。

法国的 PLEIADES - HR 相机镜头是典型的 Korsch 系统,其在系统装调时就采用光阑限制的技术,在靠近三镜的位置设置了出瞳模拟装置,整个系统调整时的次序是首先确定三镜在主体中的严格位置,通过出瞳模拟装置观察渐晕情况,其次再精密调整次镜位置,保证系统的波前达到设计要求。图 6 - 44 是相机镜头装调的现场图以及出瞳模拟装置,最终系统的波前质量达到了 0.05λ[13]。

(a) 相机镜头装调的现场　　　　(b) 出瞳模拟装置的测试现场　　(c) 次镜精密调整

图 6 - 44　PLEIADES - HR 相机镜头装调

另外有些反射式相机镜头的光阑不在光学系统中的某个光学元件上,针对这类镜头的这一特点,在光机部件装调测试时必须进行孔径限制,可提高装调测试效率,保证光学装调的质量[14],如图 6 - 45 所示。

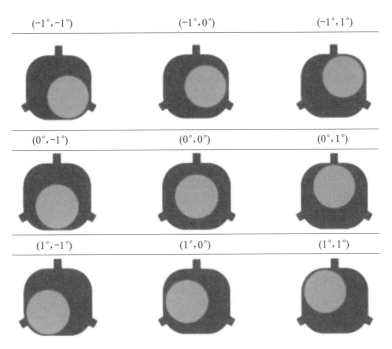

图 6 - 45　复杂光路系统的孔径限制

3）基于视轴或畸变测量的系统调整技术。基于视轴或畸变测量的系统调整技术，是根据"多变量仿真—高精密波前与角度测量—交互迭代"的装调思路，在波前仿真的基础上加入光学零件位姿变化引起的镜头视轴、畸变的多变量全链路仿真，建立起系统失调状态的模型库，得到各镜偏转方向与视轴、像差三者之间的关系，从而指导光学系统的像质和视轴调整[15]。图 6 - 46 显示了一个 32°大视场离轴相机系统，仿真不同反射镜产生相同量级的像差值时，同时对各单镜位移量的视场偏转变化情况进行计算。

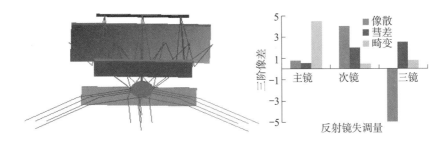

图 6 - 46　大视场离轴相机的光学模型与失调分析

当产生同样量级像差值时，可以根据空间交会测量得到的视轴偏差值，重新调整相机各单镜角度使得视轴指向和像质同时满足指标要求。因此，在计算机辅助装调的基础上，结合精密测角与模拟焦面技术，可实现像质与畸变补偿的交互迭代调整，特别适用于大视场镜头的装调，最终该系统的波前质量与畸变控制精度达到了设计值的 95%。

6.5　大口径及超大口径反射式系统装调

6.5.1　大口径及超大口径反射式系统特点

大口径光学系统用于国家安全和科学发展的战略性重大部署中，迄今为止，开展空间天文观测光学遥感载荷研究的国家和地区主要集中在美国、欧洲。这些大口径、超大口径光学系统的制造技术和能力是当今光学界共同关注的焦点问题。

与中小口径光学系统相比，大口径光学遥感器的制造技术面临着如下困境：

（1）体积重量大但轻量化程度高导致整体刚度弱

为了降低发射成本，卫星采取了大量的轻量化手段，包括反射镜的轻量化、支撑结构弱约束、整体采用桁架式结构等，这些措施使得光学系统在体密度上显著下降，但随之带来的问题就是刚度和稳定性的下降。

（2）系统装调的工程实现困难

大口径光学遥感器对光学系统制造的质量因子提出了更高的要求，系统规模变大但装配公差的要求并没有降低，给装调和测试都带来严峻的挑战。

（3）极易受重力、温度变化等环境的影响

反射镜的口径、质量变大，其在轨工作状态和地面调试状态由于重力影响不一致产生的差别也越来越大，光学遥感器在轨工作状态下处于微重力的失重情形，而地面装调测试阶段不可避免受到重力影响，地面重力一方面会造成空间相机反射镜的面形恶化，另一方面造成各反射镜位置改变，使得地面制造优异的相机在轨成像质量严重退化（见图 6-47）。

与中小口径反射镜相比，大口径反射镜受到地面重力的影响越来越明显，大口径反射镜测试时需要考虑到零件的重力卸载问题（见图 6-48）。

以开普勒望远镜 $\phi1\,400$ mm 主镜组件为例[17]，为了获得准确的零重力面形，采用两个重力卸载装置：空气气囊支撑和 108 个平衡点支撑（零重力装配）。在主镜装配前采用空气气囊支撑，主镜背部粘接殷钢支撑垫前则采用零重力卸载支撑来测试面形，以校验由于胶收缩带来的面形影响。主镜安装在低膨胀系数的坚固背板上，通过两个方位测试结果获得失重面形。两个测试数据平均得到失重下面形和零重力预估加工面形结果相符。完成开普勒主镜竖直方向测试后，在 BATC 使用水平方向低温真空罐进行光轴水平测试，通过对水平和竖直有限元分析的精确度进行比较，确定了主镜组件最终的实际状态（见图 6-49）。

中小口径光学系统的装调可视为"所测即所得"型装调，光学系统装调的目标比较确定，装调的结果可以通过实际测试获得，地面像质测试结果可以与相机在轨图像表现基本一致。大口径光学系统的装调有时必须采取"测试＋仿真预估所得"的方式，光学系统装调的目标必须通过过程测试、仿真及地面验证相结合的方式获得。

总而言之，国外大口径光学系统已经走过了几十年的发展历程，口径不断增大的趋势推动大口径光学遥感器的加工、装调及检测技术不断向前发展。国外在大口径光学系统装调与检测技术上也经过了思路提出—初步验证—在轨应用等多个阶段，从零部组件装调测

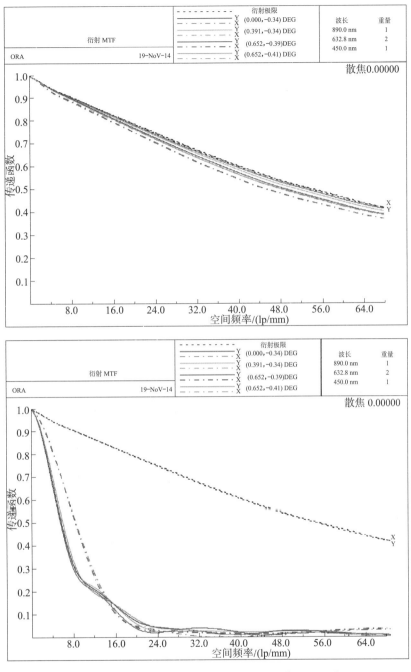

图 6 - 47　地面重力引起相机变形对在轨传函的影响

试，到系统装调和波前检测等光学系统研制全链路上不断更新试错，最终才走向成熟，直至今天，虽然关键技术和主要工艺路线已经突破，但在具体研制过程中仍有许多技术和工艺细节需要研究验证。从这方面也可以看出，大口径光学系统的装调与检测是大口径光学遥感器研制中极其困难而又必须去面对的工程问题。

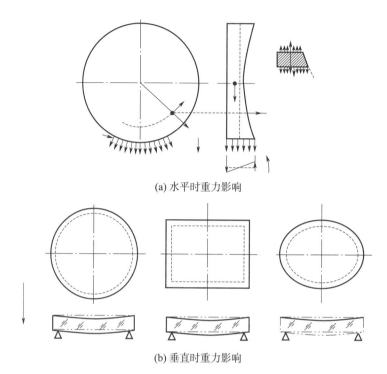

(a) 水平时重力影响

(b) 垂直时重力影响

图 6-48　不同状态下重力引起实体反射镜的弯矩变形[16]

(a) 主镜与支撑结构装配

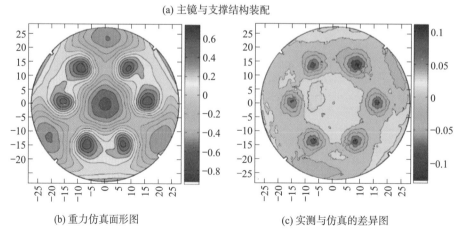

(b) 重力仿真面形图　　　　　　　　　(c) 实测与仿真的差异图

图 6-49　开普勒望远镜 1.4 m 主镜装配与仿真

6.5.2 光轴竖直装调技术

国外如 HiRISE、GeoEye - 2、Kepler、SNAP 和 JWST 等相机的光学系统装调均采用竖直装调方式（见图 6 - 50）。2004 年由美国鲍尔航天科技公司和亚利桑那大学共同完成研制的 HiRISE 相机，其有效口径为 0.5 m，焦距 12 m，其像元分辨率为 0.25 m。HiRISE 相机的主反射镜支撑、三镜支撑和探测器组件支撑均选用 Bipod 支撑方式，有效降低了整机重量。相机有严格的装调和面形精度要求，相对于各自光轴要求主镜、次镜的偏心均小于 12 μm，倾斜小于 5″，由于严格的偏心公差以及面形要求，系统采用了竖直装调的方式。相较于水平装调技术，竖直装调可以有效减小由重力作用引起的镜面变形[18]（见图 6 - 51）。

图 6 - 50 HiRISE 相机及竖直装调

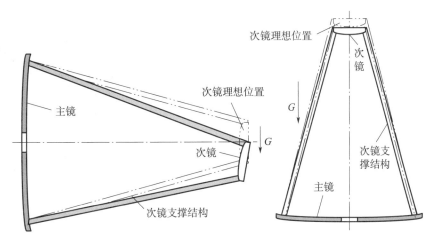

图 6 - 51 光轴水平/竖直状态，次镜端下沉示意

　　竖直装调技术是开展桁架式大口径空间遥感器装调与测试的必备技术。由于空间桁架构型垂轴（竖直于光轴）方向刚度较差，即如果采用水平装调，重力作用引起的反射镜偏离量较大，且此偏离量不易补偿，最终对像质产生极其不利影响，而采用竖直装调技术可有效规避空间桁架结构垂轴刚度较差的不利因素。

　　采用光轴竖直状态装调，没有悬臂的变化，反射镜只是在重力影响下，沿光轴下沉，体现在光学系统中，表现为镜间距变化。解决措施是需要优化反射镜支撑结构的强度设计，减小其下沉量至小于光学设计的误差要求。相机在轨工作后，只需微调焦面或改反射镜组件即可消除地面重力引起的误差。大口径相机如采用竖直方式装调检测，整个装调、测试以及系统集成与评价过程应尽量采用在线方案，实现在竖直工位上最大限度的集成，这样容易实现对于整个过程各种环节的控制。

　　基于竖直装调路线，需依靠精密测试与光学、力学仿真分析的完美结合，才能有效完成镜面的面形、刚体位移在地面状态下的误差分离技术。整个过程实际上涉及了准确的面形测试、各种测量数据与公共软件的接口匹配、系统成像质量的预估等技术，最终才能评估大口径光学系统天地一致性模型准确性多高。

　　验证大口径光学系统的天地一致性模型通过实测或者仿真获取结构件重力变形、自准直镜波前、主镜组件重力变形等，建立大系统在地面的重力模型。后期光学系统模型可根据实测波前作为迭代依据，指导装调技术人员调整反射镜位置，最终获得在轨完善的系统波前。地面完成系统装调后，非常重要的工作是验证结果的准确性和可靠性。由于大量采用仿真以及误差剔除技术，必须使用其他途径验证装调结果的准确性，如采用变重力方向测试的方法，最终对在轨质量进行验证。

　　竖直检测塔是实现竖直装调的必要装备。为了保证光学装调与测试的精度，竖直检测塔需采取隔振措施，同时应该尽量减少气流的影响。图 6 - 52 所示为国外公司的竖直检测塔。

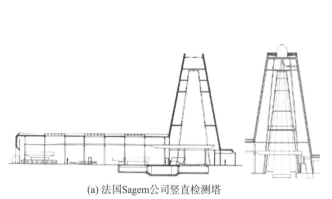

(a) 法国Sagem公司竖直检测塔　　　　(b) 美国BALL空间技术中心

图 6 - 52　光学检测高塔

6.5.3　反射镜元件支撑结构装配

随着反射镜口径的不断增加，离散式支撑方式的应用逐渐成为设计主流，其装配工艺和测试技术也随之发生相应的改变，离散式支撑的方式多采用 Bipod、Whiffletree 等结构形式，如图 6-53 所示。

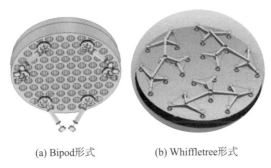

(a) Bipod形式　　　　　(b) Whiffletree形式

图 6-53　大口径反射镜结构支撑形式

这种离散支撑在装配过程中需配合大量工艺实验进行摸索验证，如胶接工艺实验、模拟件实验及振动实验等，并且装配后的实验结果需要与力学仿真分析相互结合，确保装配的可靠性。同时反射镜在地面需通过复杂的卸载机构准确地测试零重力面形，并且通过大量的仿真加验证进行准确性评估。

当大口径光学零件与结构件之间的空间位置关系无法通过三坐标测试确定时，还需要激光跟踪仪或摄影测量设备实现大尺寸空间位置的精密检测。特殊定制的工装，结合激光测距仪的监控和精密定位，完成 Bipod 背部 pad 板精密定位装配和注胶控制。

6.5.4　大口径元件波前探测技术

在大口径光学系统的波前检测过程中，使用干涉仪对系统波像差进行检测时，一般利用干涉仪和大口径标准平面镜组成自准直光路检测待测镜头全口径波前误差，通常要求口径大于待测镜头入瞳直径，能实现全口径全视场测试；另一方面对表面质量有着极高的精度要求。但相机的口径越来越大，系统测试所使用的标准平面镜的口径也随之增大，大口径平面镜制造的难度和成本也随之指数级提高。稀疏孔径反演是解决大口径光学波前探测的主要方案之一。稀疏孔径波前探测利用小口径标准平面镜构建干涉测量系统。该方案在光路搭建方面与利用大口径标准平面镜进行光学系统检测相同，所不同的是利用两块或者两块以上小口径标准平面镜构成稀疏孔径平面镜阵列，代替大口径的标准平面镜，通过数学方法重构全口径波前误差。美国的 6.5 m 口径 JWST 相机镜头即采用了该技术进行系统波前测试[19]，如图 6-54 所示。

利用几个稀疏子孔径波前误差重构全口径波前误差的实现，首先需要精密测量稀疏子孔径相对于全口径的口径比、圆心距和圆心连线的方向等空间几何关系，然后得出从全口径波前的 Zernike 系数变换到子孔径 Zernike 系数的转换矩阵，之后测量各子孔径的波前

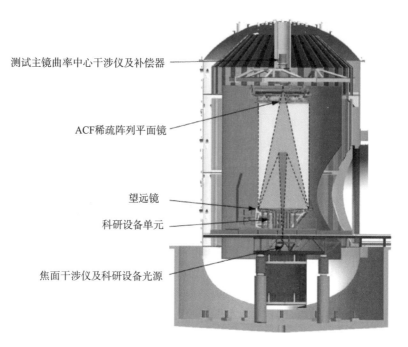

图 6-54　JWST 利用稀疏孔径阵列进行光学系统检测

并得到各子孔径波前的 Zernike 系数，利用矩阵运算得出全口径 Zernike 系数后即可得到全口径面形。

稀疏孔径中各子孔径相对全口径的空间几何关系包括子孔径数量、子孔径分布、面积覆盖比和径向位置，这些都影响稀疏孔径重构全口径波前误差的算法和精度。

各子孔径相对全口径的空间几何关系包括面积覆盖比、径向和周向位置，这些量的测量不可避免地带有测量误差，必须进行解析计算，分析各项空间关系引入误差后对反演结果的定量影响。另外，各子孔径的共相位误差包括各子孔径沿光路方向的位置误差，以及各子孔径在空间中的姿态误差。

6.5.5　基于主动光学的大口径分块镜集成装调

超大口径光学遥感器可采用分块镜技术解决发射时运载能力不足的问题。采用分块式折叠式反射镜必须解决光学系统地面以及入轨后的调整和保持问题，分块镜曲率半径不一致问题，以及相机因力、热环境变化引起系统波前误差问题，由此带来了分块镜共相位误差检测与校正、系统波前误差传感与校正等先进的测试技术。

以 JWST 为例，它是采用了主动光学技术的望远镜，在轨运行时的主动光学系统是其关键能动技术。JWST 主要采用波前传感与控制（WFSC）子系统对主镜的拼接子镜和次镜进行调整，继而产生一个定相的、达到衍射极限的望远镜。WFSC 系统得以实施，是基于地基的分析设备确定 OTE 的波前误差，并通过随后的促动器调整来达到所需要的性能。在精确定相过程当中，需要借助于不同的科学仪器设备，根据不同视场像质来持续优化波前误差。为了验证 JWST，可以从初始的配置状态进行调整对齐，一个缩小比例的 JWST 的 OTE 模型在鲍尔空间公司建立，如图 6 - 55[20] 所示。这个模型按照 1/6 的比例缩小，是三反消像散系统，由 18 块六边形主镜拼接子镜而成，并且对每一部分进行同等程度的促动器控制。

图 6 - 55　JWST 缩比系统实验验证

在分块镜初始拼接阶段，采用色散瑞利干涉仪检测"粗相位对准"用于消除分块镜间的高低位置误差。图 6 - 56 是利用色散瑞利干涉仪检测分块镜位置误差的光路原理图[21]。

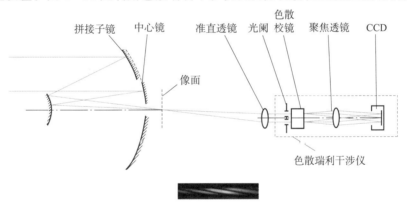

图 6 - 56　利用色散瑞利干涉仪检测分块镜位置误差的光路原理图

粗相位对准完成后，需要进行"精密相位调整"。其过程是利用一个弱透镜生成（正负）离焦图像，同时利用波前重构算法估算主镜整体的倾斜和前后误差，以及次镜平移和主镜的焦点位置。获取离焦图像进行精密波前分析计算。

最后，进行多视场精密调整。如果次镜失调（无论平移还是倾斜），都会造成视场中心的波前误差。在精密相位调整步骤中，主镜的调整极易补偿这些误差，然而如果测试边缘视场，就会发现极大的波前误差。利用计算机辅助装调技术，可进一步确定主次镜的合理位置。应该说，分离分块主镜相位的调整误差与整个系统的失调误差是一个比较复杂的过程。

JWST 采用了自标定的方案。其后光学系统的出射光源采用半反半透设计，光源发出的光通过次镜组件和主镜出射，然后由三块自准直平面镜返回，最后经过整个光学系统成像在科研设备上。这些光源用于整个系统的光学复验，出射光源位于卡塞格林像点的正中心，利用自准直平面镜的转动可以覆盖科研设备的全部视场（见图 6-57）。

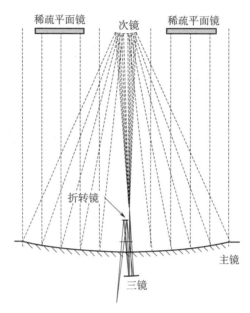

图 6-57　利用自准直光路进行系统性能标定[22]

　　由于相机的尺寸逐渐变大，在光学装调过程中，大尺寸光学零件、结构件安装定位、稳定性验证所需的配套条件就愈发复杂，尤其是大尺寸结构件以及光学零件定位与变形需能够准确测量。

　　以 JWST 地面保障设备系统为例，用于装配的配套硬件规模就十分庞大，图 6-58、图 6-59[23]展示了这套系统的两个不同的工作状态的示意图。其中主要的底层结构叫光学基座，望远镜头通过固定结构组成的系统与其连接。光学装配平台（AOAS）除了包含光学基座，还包含人员操作平台结构（PAPS）。

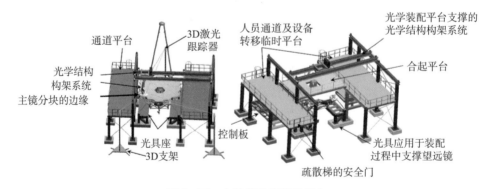

图 6-58　大规模光学装配平台

　　在所有正式的光学元件装配之前，要将后光学系统主坐标系模拟件装在决定主坐标系

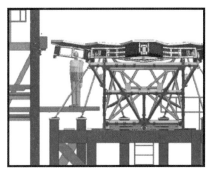

图 6 - 59　主镜分块镜结构固定装置与次镜安装装置

的主镜底板界面上。后光学主坐标系模拟件装置用来安装后光学系统和验证其支撑位置，同时确定后光学系统装置的刚性结构的安装。主坐标系由激光跟踪仪测试吸在粘接垫片上的球形反射目标获得，同时后光学主坐标系模拟件装置的空间位置利用主坐标系作为参考进行测试。因为所有这些装配都参照一个公共坐标系，这个过程减小了系统装配对准的误差。

参 考 文 献

［1］ MARTIN J CULLUM, GEORGE Z ANGELI, et al. Optical Verification of the James Webb Space Telescope［J］. Proceedings of SPIE, 6271, 62710A, 2006.

［2］ HERBERT GROSS. Handbook of Optical Systems: Volume5［M］. Weinheim: Wiley - VCH, 2012.

［3］ STEPHEN A SMEE. A precision lens mount for large temperature excursions［J］. Proceedings of SPIE, 7739, 77393O, 2010.

［4］ D B LEVITON, B J FREY, et al. Automation, operation, and data analysis in the cryogenic, high accuracy, refraction measuring system（CHARMS）［J］. Proceedings of SPIE, 5904, 2005.

［5］ DAVID M STUBBSA, et al. Adhesive bond cryogenic lens cell margin of safety test［J］. Proceedings of SPIE, 8125, 2011.

［6］ C GAL1, E GUBBINI1, et al. Development and verification of high precision cryogenic lens holders［J］. Proceedings of SPIE, 10563, 2014.

［7］ 邢辉, 焦文春, 等. 透射式红外镜头的高精度定心装调［J］. 红外, 2013, 34（9）: 19 - 23, 43.

［8］ FRANK GRUPPA, et al. The optical baseline concept for the NISP near infrared spectrometer and photometer on board the ESA/EUCLID satellite［J］. Proceedings of SPIE, 8442, 84420X, 2012.

［9］ 南京大学数学系计算数学专业. 光学系统自动设计中的数值方法［M］. 北京: 国防工业出版社, 1976.

［10］ J H BURGE, R ZEHNDER, CHUNYU ZHAO. Optical Alignment with Computer Generated Holograms［J］. Proceedings of SPIE, 6676: 66760C , 2007.

［11］ 李玲, 赵野, 等. 考虑螺钉预紧力的反射镜安装结构仿真及优化［J］. 航天返回与遥感, 2017, 38（6）: 83 - 91.

［12］ ZHAO X T, JIAO W C, LIAO Z B, et al. Study on computer - aided alignment method of a three - mirror off - axis aspherical optical system［J］. Proceedings of SPIE, 7656/6m 1 - 6, 2010.

［13］ ZHAO X T, JIAO W C, LIAO Z B, et al. High Precision Metrology Method for unobscured Three - Mirror Anastigmatic（TMA）Mapping Camera Boresight［J］. Proceedings of SPIE, 8417/84172, 2012.

［14］ 邢辉, 等. 多谱段多通道离轴三反空间相机装调［J］. 红外, 2020, 41（12）: 1 - 11.

［15］ 赵希婷, 等. 超宽视场离轴光学系统畸变一致性校正技术［J］. 应用光学, 2020, 41（5）: 1032 - 1036.

［16］ PAUL R YODER JR. Opto - Mechanical Systems Design［M］. 3rd ed. Boca Raton: CRC, 2005.

［17］ JOHN W ZINN, GEORGE W JONES. Optical Manufacturing and Testing VII［J］. Proceedings of SPIE, 6671, 667105, 2007.

［18］ DENNIS GALLAGHER, JIM BERGSTROM. Overview of the Optical Design and Performance of the High Resolution Science Imaging Experiment（HiRISE）［J］. Proceedings of SPIE, 5874, 2005.

［19］ BRIAN MCCOMAS, RICH RIFELLIA, et al. Optical Verification of the James Webb Space

Telescope [J]. Proceedings of SPIE，6271，2006.

[20]　J SCOTT KNIGHT，PAUL LIGHTSEY，ALLISON BARTO. Verification of the Observatory Integrated Model for the JWST [J]. Proceedings of SPIE，7738，773815，2010.

[21]　赵伟瑞，曹根瑞. 分块镜共相位误差的电学检测方法 [J]. 红外与激光工程，2010，9（1）：147－150.

[22]　JACOBUS M OSCHMANN JR，MATTHEUS W M DE GRAAUW，HOWARD A MACEWEN. Architecting a revised optical test approach for JWST [J]. Proceedings of SPIE，7010，70100Q，2008.

[23]　MARTIN J CULLUM，GEORGE Z ANGELI. Optical Verification of the James Webb Space Telescope [J]. Proceedings of SPIE，6271，62710A，2006.

第7章　空间光学系统测试与评价

7.1　概述

空间光学系统的成像性能主要包括两个方面：第一方面是光学特性，主要包括焦距、视场角、F数、谱段范围、透射比等。第二方面是成像质量，其评价包括两类，一类是光学系统设计质量的评价，评价方法一般有波像差、调制传递函数 MTF、像差曲线、点列图、像中心点强度等，主要通过计算和仿真评定光学系统的质量；另一类是在空间光学系统实际制造完成之后（通常称为镜头）的质量评价，需要通过对镜头进行实际测试来评价，一般通过测试波像差、MTF、星点（或者是点扩散函数）、分辨率、点列图等来进行镜头成像质量的评价，其中波像差和 MTF 是广泛采用的定量测试方法。对用于点目标观测的空间红外光学系统，经常通过测试能量集中度来评价其成像质量。

空间光学系统的杂散光和偏振不仅会影响成像质量，同时也会影响空间相机的辐射质量，因此，杂散光和偏振度也是评价空间光学系统的重要指标。内方位元素和畸变是评价空间光学系统几何特性的重要参数。

本章主要侧重于实际制造完成之后的空间光学系统的性能测试，主要介绍空间光学系统成像质量、焦距、视场角、F数、透射比、杂散光、偏振、内方位元素和畸变等参数测试的基本方法，这些指标参数是直接影响空间光学遥感器最终成像性能的核心要素，其中空间光学系统的成像质量是决定空间光学遥感器成像质量的关键因素。基于空间光学系统测试的特点，本章还对影响空间光学系统成像质量测试链路的误差源及因素进行了分析。

7.2　空间光学系统成像质量测试

空间光学系统的成像质量是评价空间相机成像性能的关键参数。光学系统成像质量的评价方法有很多，如波像差、调制传递函数 MTF、能力集中度、分辨率、星点法等，本节主要介绍波像差、调制传递函数 MTF、能力集中度的测试方法。

7.2.1　波像差

光程差（OPD）是波前质量测量的尺度。理想光学系统的出射波前为理想球面波，当光学系统存在像差时，出射波前会产生变形，不再是理想的球面波前，变形的球面波与理想球面波之间的差别即为光程差或称波像差，如图 7-1 所示。光学系统出射波前的波像差大小是评价光学系统成像质量的重要参数。其重要性体现在以下几个方面。

1）光学系统波像差的大小直接与光学零件的面形质量相关；

2）反射式光学系统的计算机辅助装调质量的判别及失调量的计算也使用波像差；

3）由测量得到的光学系统波像差可以直接换算出光学系统的 MTF。

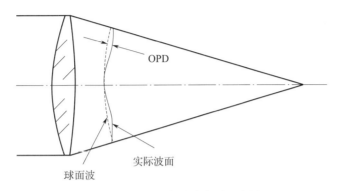

图 7 - 1　系统出射波前变形示意图

如果光学系统有很好的校正或接近衍射极限，可以采用 Rayleigh 或 Marechal 判断准则来估计可接受波像差的大小。波像差越小，系统的成像质量越好。根据瑞利判据，当光学系统的波像差峰谷值（PV 值）小于 1/4 波长时，其成像是完善的。这个评价标准是非常严格的。除了波像差峰谷值（PV 值），通常还会在整个波面上采样 N 个点的波面误差，以这 N 个点波面误差的均方根值（RMS 值）来评价光学系统的波像差。Marechal 判断准则给出，当波面偏离以衍射焦点为中心的参考球面均方根近似等于 1/14 波长时，认为光学系统质量是近于理想的[1]。如果需要更详细地描述波像差，则可以将波前表面分解为泽尼克多项式或其他函数形式。

光学系统波像差（或者说波前质量）的测试方法有多种，例如干涉测量、夏克-哈特曼传感器、哈特曼传感器、点扩散函数重构等方法，本节主要阐述最常用的干涉测量法，其他测试方法可以参见其他的相关文献和书籍[2]。

光学系统波像差的干涉测量法，是利用双光束干涉的原理进行测试，使用数字激光干涉仪，一般采用移相法进行高精度的波像差测试。可以采用平面波干涉测试和球面波干涉测试两种方法。

利用激光干涉仪出射平面波测试波像差的系统示意图如图 7 - 2 所示。该测量系统由干涉仪主机、与干涉仪配套的透射平板、被测光学系统及其平移倾斜调整台、参考球面镜及其五维调整架组成。

干涉仪出射的平面波通过干涉仪的透射平板产生返回干涉仪的参考平面波和透过透射平板的测量平面波，后者通过被测光学系统后形成带有变形的球面波，该变形的球面波会聚于参考球面镜的球心处，由参考球面镜自准直反射按原路返回干涉仪，形成带有被测光学系统缺陷的被测平面波前，该被测平面波前与参考平面波前干涉形成干涉条纹，并成像于干涉仪的 CCD 探测器上，干涉仪的图像采集系统采集 CCD 探测器输出的干涉条纹图像，由干涉仪测量分析软件处理得出被测光学系统的波像差。

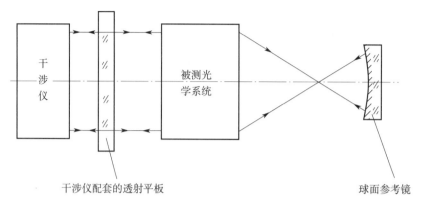

干涉仪配套的透射平板　　　　　　　　　　　　　球面参考镜

图 7-2　干涉仪出射平面波测试波像差的系统示意图

　　在平面波干涉测试的光路里，干涉仪一般是不动的，进行多个视场波像差测试时，被测光学系统和球面参考镜分别通过调整工装进行角度和平移量调整。受干涉仪出射平面波口径及干涉仪中心高的限制，利用平面波测试波像差的系统适合于中小口径空间光学系统波像差的测试。

　　干涉仪出射球面波测试波像差的系统示意图如图 7-3 所示。该系统适用于中大口径空间光学系统波像差的测试，可测量的口径取决于自准直平面镜的口径。该测量系统由干涉仪主机、与干涉仪配套的透射球面镜、被测光学系统及其调整台、自准直平面镜及其二维倾斜调整架组成。

　　在图 7-3 球面波干涉测试的光路里，干涉仪可以是小口径的，干涉仪出射的小口径平面波经过透射球面镜出射球面波，该球面波的会聚点位于被测光学系统的焦点上。

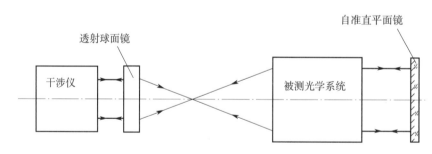

图 7-3　干涉仪出射球面波测试波像差的系统示意图

　　波像差的大小用通过被测光学系统后有变形的波前与参考波前光程差的 PV 和 RMS 值来评价，单位为激光干涉仪的工作波长。PV 为整个波前上各点光程差的峰谷值，RMS 为整个波前上各点光程差的均方根值。光学系统波像差测试的干涉条纹和波像差等高图如图 7-4所示。

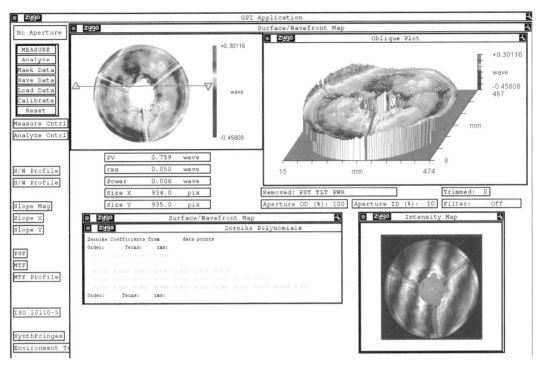

图 7 - 4　光学系统波像差测试的干涉条纹和波像差等高图

7.2.2　调制传递函数 MTF

MTF 与系统的焦面位置、波长、孔径、视场和成像的空间频率等多个参数相关，是评价光学系统成像质量的重要参数，MTF 的大小能够全面反映空间光学系统和空间光学遥感器的成像质量，MTF 评价方法是空间光学遥感器研制各阶段、各子系统像质评价的首选方法。

（1）MTF 物理含义

以点扩散函数为基础的 MTF 定义，对于理想的物点，大小为无穷小。在频域下，各空间频率的幅值均为 1，且频率范围为 0 到无穷大。由于光线存在衍射现象，任何有限大小口径的成像光学系统均为低通滤波器，只有低频部分的光强分布能够通过光学系统，且幅值均受到光学系统的调制。所以理想物点通过光学系统后，其像点并不是无穷小的理想点，图 7 - 5 给出了理想点经过光学系统后的光强分布示意图。

为定量分析光学系统对理想物点的响应，引入了光学传递函数（OTF），用于衡量实际光学系统对理想成像系统"点成像为点"基本要求的满足程度，是评价其成像质量最重要的指标。OTF 复数形式可表示为

$$OTF(f) = MTF(f)\,\mathrm{e}^{iPTF(f)} \tag{7-1}$$

其中，f 为光强或者是光能量分布的空间频率，常用单位为线对每毫米（lp/mm），表示 1 毫米内有 f 个余弦周期。$MTF(f)$ 为光学传递函数在 f 频率下的幅值，表示物空间频率

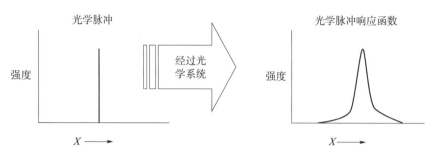

图 7 - 5　理想点经过光学系统后的光强分布示意图

为 f 的余弦分布光强，通过光学系统后，该频率光强振幅的下降，或者是其调制度的下降，称为调制传递函数。$PTF(f)$ 为光学系统的相位传递函数，表示物空间频率为 f 的余弦分布光强，通过光学系统后，在横向位移的程度。

在以正弦光栅为基础的 MTF 定义中，光学成像系统的调制传递函数 MTF 的值表示了光学成像系统或光电成像系统对不同空间频率的正弦光栅成像时，像的对比度与物的对比度之比[3]。

（2）MTF 检测方法

在空间光学系统的应用中，$MTF(f)$ 是评价空间光学系统成像质量的重要指标，常用的检测手段有以下两种。

①激光干涉仪

一般空间相机对无穷远成像，光学镜头的输入波前为平面波，通过激光干涉仪测量出了光学镜头在其出瞳处的、相对理想球面波或者平面波的波像差，设出瞳处的复振幅变化为 $\Delta U(x，y)$ 。对于一般成像光学系统，波前从入瞳到出瞳，改变的是波前的相位，其幅值保持不变：

$$\Delta U(x,y) = U_0 e^{j\Delta\varphi(x,y)} \qquad (7-2)$$

其中，U_0 为光波幅值，在入瞳全口径范围内，是一个固定值。$\Delta\varphi(x，y)$ 为输入波前的相位变化，是干涉仪测量得到的波像差数据。$(x，y)$ 是出瞳处的空域坐标。光学镜头的复振幅透过率 $t(x，y)$ 为

$$t(x,y) = e^{j\Delta\varphi(x,y)} \qquad (7-3)$$

根据成像光学系统的傅里叶变换性质，照射入瞳光源的共轭面（也即成像系统的像面）处的复振幅分布为光学系统复振幅透过率的傅里叶变换，即光学系统像面的复振幅分布为

$$U(x,y) = \Im(t(x,y)) \qquad (7-4)$$

对于输入波前为平面波或者球面波，对应光学镜头在物空间的物为点目标，所以在像面上计算得到的复振幅分布为光学系统的点扩散函数 PSF ，其光强分布 I 为

$$I = KU(x,y)U^*(x,y) = K(|U(x,y)|)^2 = K|\Im(t(x,y))|^2 \qquad (7-5)$$

$U^*(x，y)$ 为 $U(x，y)$ 的复共轭；K 为点扩散函数的归一化系数，使点扩散函数在最大光强处的值为 1。使用激光干涉仪测量得到的调制传递函数 MTF 为 PSF 的傅里叶变换：

$$MTF(f) = K' \Im(I) = K' \Im(K \mid \Im(t(x,y)) \mid^2) \qquad (7-6)$$

其中，f 为空间频率；K' 为 MTF 的归一化系数，始终满足 $MTF(0)=1$。

当 $f_0 = \dfrac{1}{\lambda F\sharp}$ 时，$MTF(f_0)=0$，此时的 f_0 称为光学系统的截止频率，λ 为波长；$F\sharp$ 为光学系统的光圈数，是光学系统数值孔径的倒数。激光干涉仪使用的都是单波长光线，因此得到的均为单波长 MTF。

用激光干涉仪测量光学系统 MTF 的测试系统与波像差测试系统相同。采集波像差干涉图之前，应在干涉测量软件中输入光学系统的 F 数，或输入光学系统的焦距并标定出入瞳口径。在完成波像差测试后，利用干涉仪测量软件的分析功能，可以得出如图 7-6 所示的 MTF 的二维分布图及不同经度方向的 MTF 曲线。

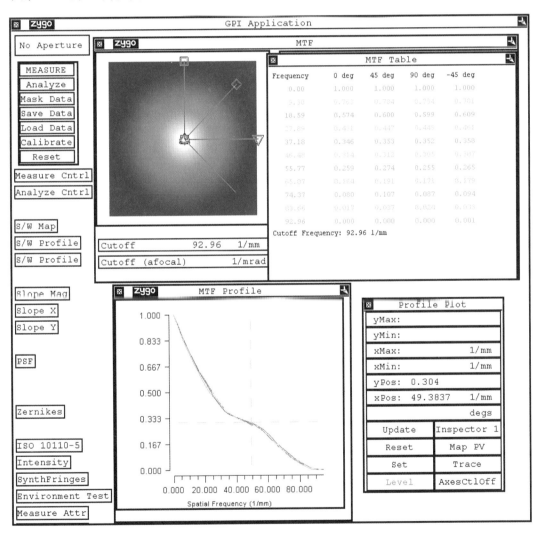

图 7-6　MTF 的二维分布图及不同经度方向的 MTF 曲线

②光学传递函数测量仪

上一小节中介绍了激光干涉仪测量 MTF 的基本原理，得到的 MTF 曲线为光学系统对干涉仪单波长物点成像的值。但对于一般成像光学系统，成像波长为一个或者多个波长区间，对此可使用光学传递函数测量仪来测量复合波长下成像的 MTF。

为了获得光学系统的 MTF，首先需要使被测光学系统对无限小物点成像，但是对于实际情况，无限小物点并不存在。对于这个问题，可使用两种方法来解决[4]：

1）引入"可接受的小尺寸物点"的概念，比如说直径 2 μm 的针孔，对于 $F\sharp = 20$ 的光学系统来说，得到的点扩散函数（PSF）跟针孔直径无限小的时候没有明显区别，或者说引起的误差很小，2 μm 针孔对于 $F\sharp = 20$ 的光学系统就是"可接受的小尺寸物点"。

2）分别对物点光强分布和像点光强分布进行傅里叶变换，MTF 可由像的傅里叶变换除以物的傅里叶变换得到。对 MTF 进行反傅里叶变换即得到点扩散函数。

解决了光学系统的输入问题，以下介绍测量 MTF 的方法。如图 7-7 所示，由点光源（有限小）和准直系统生成被测光学系统所需的无限远或者有限远的物点。经过被测光学系统成像，再通过显微物镜将被测像点进行放大，成像在面阵光学探测器上。探测器得到的星点能量分布为被测光学系统的点扩散函数 PSF，对其进行傅里叶变换就得到了 MTF。

$$\mathrm{MTF}(f) = K'\Im(PSF(f)) \tag{7-7}$$

其中，K' 为 MTF 的归一化系数。

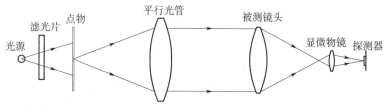

图 7-7　光学传递函数测量仪原理图

由于被测光学系统的物点为有限大小，目前得到的 MTF 为"未校正"$MTF_{Uncorrected}$。假设物点为直径为 a 的圆形孔，MTF 可通过如下公式进行校正[4]：

$$MTF_{Corrected}(f) = \frac{MTF_{Uncorrected}(f)}{J_1(2\pi fa)/fa} \tag{7-8}$$

其中，$J_1(2\pi fa)$ 为一阶第一类贝塞尔函数。

除了通过对测量数据进行校正来提高 MTF 的测量精度之外，还有一个很重要的影响精度的因素是对像点光强分布数据的采样频率。根据香农（Shannon）采样定理，只有在采样频率大于等于被测信号的 Nyquist 频率时，信号才能被完全重建，否则发生混叠效应（aliasing），影响测试精度。被采样信号的 Nyquist 频率为该信号最大频率的 2 倍。

在 MTF 测试中，假设 Δx 为采样间隔，例如 CCD 像元间隔为 Δx，其必须满足以下条件：

$$\Delta x \leqslant \frac{1}{2B} \qquad (7-9)$$

其中，B 为像点光强分布的空间频率带宽，或者是所需测量 MTF 的最大频率。比如，如果需要测量 1 000 lp/mm 频率下的 MTF，采样间隔 Δx 必须小于 0.5 μm。

光学传递函数测量仪的典型光路图如图 7-8 所示。在工程实际中，传函仪的组成一般有物系统、平行光管、像分析器、被测镜头等。按照光线传播的方向，物系统包含光源、滤光片、孔靶标。传函仪光源的光谱应涵盖被测镜头的使用谱段，对于红外系统，光源可更换为黑体等红外光源。根据测试需求，滤光片用于将光源的光谱限制在一定带宽范围内，由于滤光片一般为一定厚度的平板玻璃，其放置位置在光源和孔靶标之间，而非孔靶标和平行光管之间，以防其厚度对成像光线带来光程上的改变。孔靶标有圆形孔靶标和狭缝形孔靶标，使用圆形孔靶标可对被测镜头子午、弧矢两个方向的 MTF 进行同时计算。狭缝形孔靶标多用于红外镜头的测试，镜头子午和弧矢方向的 MTF 需要进行分时测试，即孔靶标需要转 90°才能测另一个方向的 MTF。狭缝形孔靶标像如图 7-9 所示。

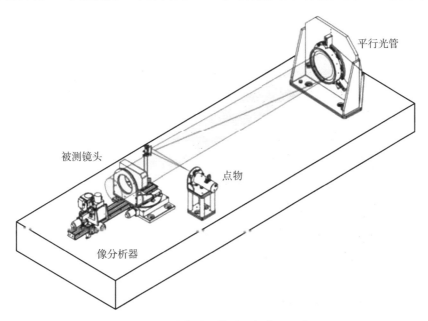

图 7-8 光学传递函数测量仪典型光路图

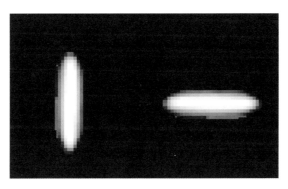

图 7-9 狭缝形孔靶标像

空间光学遥感器的成像物距为几百至几万公里，可近似为无穷远。传函仪平行光管的作用是将靶标像成像至无穷远，平行光管的像距为被测透镜的物距，因此被测透镜对无穷远成像，与在轨使用状态一致。平行光管的光学件一般为反射镜，用于同时满足可见和红外谱段的成像。其口径可以是 100 mm～1 m 或以上，可根据实际需要进行定制。

像分析器包含了显微物镜和探测器，显微物镜将被测镜头所成的靶标像进行放大，用以提高探测器对靶标像的采样频率。像分析器主要用于对被测镜头的靶标像进行放大、采集和实时的 MTF 计算。像分析器主要分为可见、近红外、中波红外、长波红外等四种，满足对不同谱段 MTF 测试的需求，见表 7-1。

表 7-1　传函仪像分析器的常见使用谱段

谱段	波长
可见、近红外	$0.4 \sim 0.95 \ \mu m$
中波红外	$3 \sim 5 \ \mu m$
长波红外	$8 \sim 12 \ \mu m$

图 7-10 给出了像分析器采集到的星点靶标像。

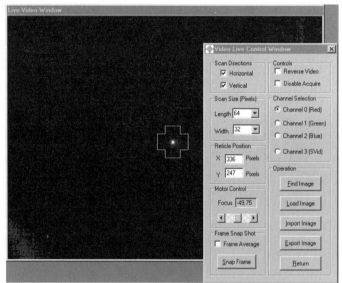

图 7-10　像分析器采集到的星点靶标像

图 7-11 为典型的传函仪 MTF 测试曲线，图 7-11（a）是在不同位置下，像点的能量分布。由于计算算法和精度的限制，一般传函仪只有子午和弧矢两个方向的 MTF，若需要测试其他方向的 MTF，可将被测镜头绕轴旋转一定的角度间接实现。

两种检测方法比较如下：

1）由于激光光源为单一波长，用激光干涉仪只能测试单波长的 MTF；光学传递函数测试仪光源为复合波长，可在光源处加装滤光片实现不同谱段的 MTF 测试。

2）受限于通光口径，目前现有的光学传递函数测试仪一般适用于测试中小口径光学

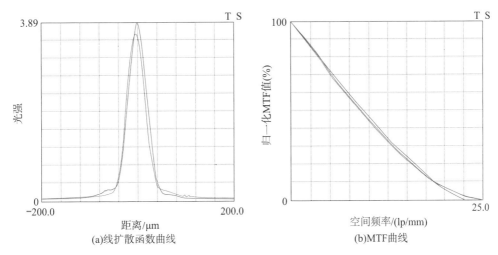

图 7 - 11　传函仪的输出结果

系统的 MTF，超过 600 mm 口径的光学系统需要用特别定制的传函仪测试；大口径及超大口径的空间光学系统多为全反射式系统，配合使用不小于被测镜头入瞳直径的大口径及超大口径自准直平面镜，可以用激光干涉仪测试其单波长的 MTF。

7.2.3　能量集中度

　　高质量的空间红外光学系统的成像质量也采用 MTF 评价。由于红外光学系统的相对孔径一般较大，衍射作用小，像差产生的弥散圆可能远大于衍射作用引起的艾里斑，因此光学设计人员经常采用成像光线形成的弥散斑来评价红外光学系统的质量。能量集中度评价方法能够更直观地看出点目标成像的弥散程度，它能够给出能量随弥散半径的变化。对点目标成像的空间红外光学系统常使用能量集中度来评价其成像质量。图 7 - 12 给出了能量集中度曲线，它的横坐标是弥散半径、纵坐标是在所选半径范围内光强占总能量的百分比。

　　能量集中度的测试方法一般有两种，一种是利用干涉仪测出光学系统的波像差，由波像差直接用干涉仪测量软件的分析功能得出能量集中度曲线，测试光路与 7.2.1 中波像差测试光路相同，该方法适用于大气常温下测试的红外光学系统。另一种方法是利用平行光管、红外焦面探测器、图像采集设备和像点质心计算及拟合处理等测试红外光学系统的能量集中度，该方法配备真空和低温获得设备后，可用于低温红外光学系统的能量集中度测试。空间红外光学系统的低温镜头多用于深空低温环境下对暗弱点目标的探测，能量集中度是评价该类镜头性能的重要指标[5]。图 7 - 13 给出了低温光学系统能量集中度测试系统的典型框图[6]。

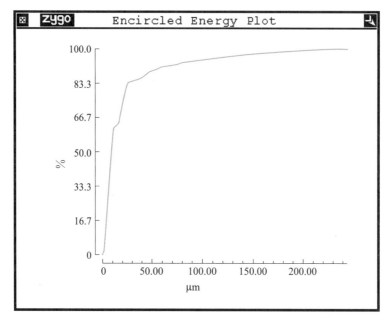

图 7 - 12　能量集中度曲线

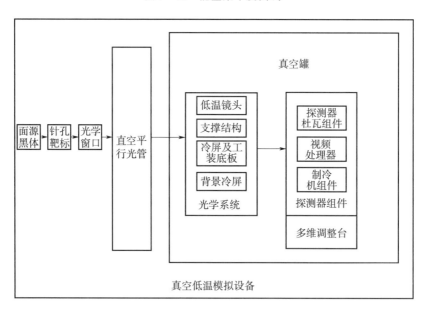

图 7 - 13　低温光学系统能量集中度测试系统框图

7.3　空间光学系统特性参数测试

7.3.1　焦距

　　光学系统的焦距定义为平行于光学系统光轴的平行光束经过光学系统后的会聚点（焦点）到光学系统像方主点的距离（有效焦距 EFL）。焦距的测试方法有精密测角法、放大率法等。空间光学系统种类繁多，焦距从几十毫米到几十米不等。放大率法通常用于较短焦距光学系统的焦距测试。本节主要介绍精密测角法测量焦距，该方法具有焦距适用范围广、测试精度较高的优点。在用精密测角法测量空间光学系统焦距的具体实施中，较普遍地使用基于五棱镜定焦、经纬仪测角、分划板刻线对测长的方法；对于中小口径的中短焦距空间光学系统（包括红外系统），可以方便地在利用传函仪测试 MTF 的同时进行焦距测试。

（1）利用五棱镜定焦经纬仪测角测量焦距

利用五棱镜定焦经纬仪测角的精密测角法测量光学系统焦距的测试原理图如图 7 - 14 和图 7 - 15[3,7] 所示。测试系统由光源、放置在被测镜头焦面上的分划板、被测镜头、经纬仪、五棱镜及其平移台组成。测试方法如下。

1）如图 7 - 14 所示，进行分划板 1 的定焦。经纬仪通过五棱镜 3 及被测镜头 2 观察分划板 1 的刻线，旋转分划板 1 至其刻线与经纬仪 4 的分划板刻线平行；沿垂直于被测镜头光轴的方向移动五棱镜，从位置 I 移动到位置 II，如果分划板 1 不在被测镜头 2 的焦面上，则五棱镜在位置 II 时从经纬仪中看到的分划板 1 上的刻线相对于位置 I 时会有明显的移动；沿被测镜头光轴方向调整分划板的位置，直至五棱镜从位置 I 移动到位置 II 时，从经纬仪观察到的分划板 1 的刻线无明显移动，此时即将分划板 1 的刻线调至了镜头焦面位置。

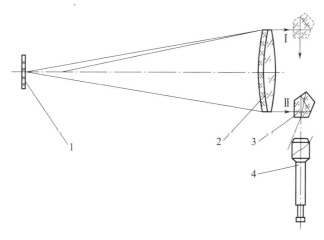

图 7 - 14　五棱镜法定焦原理图

1—分划板　2—被测镜头　3—五棱镜　4—经纬仪

2）在完成分划板的定焦后，如图 7 - 15 所示，用精密测角法进行光学系统焦距测试。用经纬仪分别瞄准分划板上已知间距 Y_0 的一对刻线，测出其张角 2γ，取张角多次测量的平均值 $\bar{\gamma}$，按式（7 - 10）计算出镜头的焦距 f'。

$$f' = \frac{Y_0}{2\tan\bar{\gamma}} \tag{7 - 10}$$

精密测角法的焦距测量误差主要由分划板上的刻线间距 Y_0 和张角 $\bar{\gamma}$ 的测试误差产生，

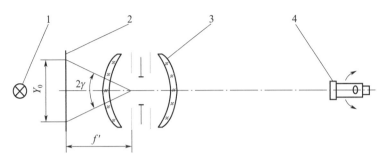

图 7-15 精密测角法焦距测试原理图

1—光源 2—分划板 3—被测镜头 4—经纬仪

焦距 f' 测量的标准不确定度 $u_{f'}$ 可以用式（7-11）计算。

$$u_{f'} = f' \sqrt{\left(\frac{1}{Y_0}\right)^2 u_{Y_0}^2 + \left(\frac{2}{\sin 2\gamma}\right)^2 u_{\gamma}^2} \qquad (7-11)$$

式中，$u_{f'}$ 为焦距 f' 测量的标准不确定度；u_{Y_0} 为分划板刻线间距测量的标准不确定度；u_{γ} 为经纬仪测量的刻线对张角的标准不确定度。

由式（7-11）可以得出，精密测角法测量焦距 f' 的相对标准不确定度为

$$\frac{u_{f'}}{f'} = \sqrt{\left(\frac{1}{Y_0}\right)^2 u_{Y_0}^2 + \left(\frac{2}{\sin 2\gamma}\right)^2 u_{\gamma}^2} \qquad (7-12)$$

以精密测角法测量 7 780 mm 的焦距为例，当 Y_0 为 50 mm、u_{Y_0} 为 0.001 mm、2γ 为 0.368 1°、u_{γ} 为 1″即 0.5×10⁵ rad 时，焦距 f' 测量的相对标准不确定度为 0.07%；上述其他量不变，只是 u_{γ} 变为 2″，则焦距 f' 测量的相对标准不确定度就变为 0.15%，其中主要的误差贡献是角度的测量标准不确定度。用精密测角法测量 7 m 焦距的光学系统时，由于分划刻线在经纬仪中是一个缩小的像，由经纬仪观察分划板刻线达到 1″的瞄准精度是比较困难的，在镜头没有明显抖动的前提下，也需要由训练有素的专业人员瞄准才能获得 1″的瞄准精度，一般人员只能达到 2″的瞄准精度。

从上述分析可以看出，在刻线间距的测试精度能够保证到 0.001 mm 时，测角精度是精密测角法测量光学系统焦距的主要误差源，该误差源主要由经纬仪的瞄准精度和被测光学系统的抖动两部分产生。对于长焦距空间光学系统，用常规的精密测角法测量 15 m 焦距的精度已经接近卫星总体对焦距控制精度指标要求的极限，更长焦距的测试需要改进测试方法，尤其是需要提高测角精度，采用工程上可实现的更高精度的测角方法和仪器。

（2）利用传函仪测量焦距

对于中小口径的中短焦距空间光学系统（包括红外系统），在用传函仪测量空间光学系统的 MTF 时，可以方便地进行焦距（有效焦距 EFL）的测试。测试系统组成与传函仪测量 MTF 的系统相同，测试原理也是采用精密测角法。测试方法如下[8]。

①过焦曲线测试

用传函仪进行镜头轴上视场 MTF 的过焦测试，利用过焦曲线确定镜头的最佳焦面。过焦 MTF 测试可实现在不同焦面位置的 MTF 计算，可得到在某一空间频率下，MTF 最

大值的位置，该位置即为镜头的最佳焦面位置。图 7－16 中，不同颜色代表了不同轴向位置（离焦位置）的传函曲线。

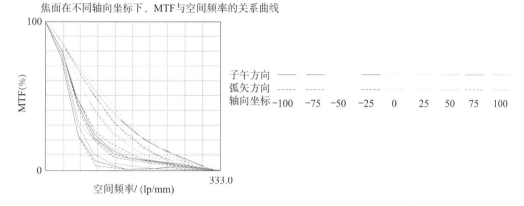

图 7－16　过焦 MTF 曲线（右侧为不同轴向焦面位置下，MTF 曲线的颜色）

②有效焦距测试[8]

有效焦距测试原理图如图 7－17 所示。

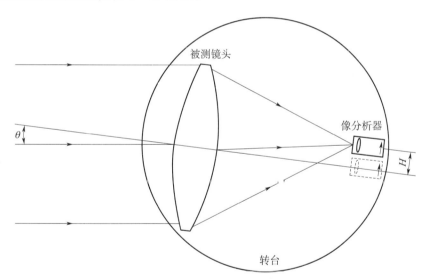

图 7－17　利用传函仪进行焦距测试原理图

焦距计算公式为

$$f' = \frac{H}{\tan\theta} \tag{7-13}$$

式中，θ 为被测镜头视场角的变化量；H 为对应像点的移动量。

　　按①的方法，利用传函仪测试镜头轴上视场（$\theta = 0$）的过焦曲线，确定出镜头的最佳焦面，并记录 0 视场星点像的像元坐标值。在该后截距下，使被测镜头和像分析器整体精确地转动 θ 角（θ 由传函仪转台的高精度测角传感器测出），通过精密直线导轨移动像分析器，像分析器对星点像进行精确采样，使星点像回到初始 0 视场的像元坐标值，此时直线导轨的移动距离即为靶标像的横向移动距离 H，根据式（7-13）即得到镜头的有效焦距。图 7-18 给出了传函仪实测焦距的多次测量结果及其平均值的显示实例。

用传函仪测量焦距的相对标准不确定度分析方法与 7.3.1 节"（1）"中的分析方法相同。

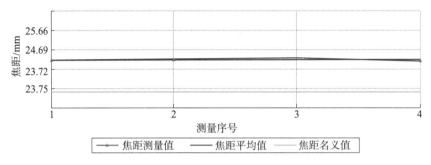

图 7-18　传函仪实测焦距的多次测量结果

7.3.2　视场角

光学系统的视场可定义为被光学系统成像的物面大小或其共轭面的大小。空间光学系统多为望远系统，由于其物面相对于近距离而言属于无穷远，其视场通常用角度表示。

望远系统视场角通常用经纬仪测试，可用一台经纬仪测试，测试原理图如图 7-19 所示，在被测物镜的焦面位置放置视场光栏（或为焦面探测器光敏面），并在视场光栏后或焦面探测器光敏面之前架设光源，照亮视场光栏或焦面探测器光敏面，调整经纬仪，使其与被测光轴基本重合，转动经纬仪对系统视场两个边缘瞄准，测得的角度即为系统的视场角 2ω[9]。

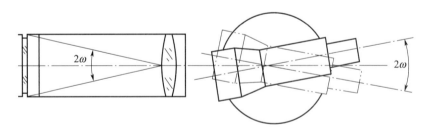

图 7-19　用一台经纬仪测视场角

也可以如图 7-20 所示，用两台经纬仪测量视场角[9]。在被测物镜的焦面位置放置视场光栏（或为焦面探测器光敏面），调整两台经纬仪使两者光轴与被测物镜光轴处于同一水平面或同一竖直面内，用两台经纬仪分别瞄准视场光栏或焦面探测器光敏面的两个边缘点，两经纬仪角度读数分别为 α_1 和 β_1；两经纬仪对瞄，其读数分别为 α_2 和 β_2，视场角 2ω 为

$$2\omega = 180° - (|\alpha_1 - \alpha_2| + |\beta_1 - \beta_2|) \tag{7-14}$$

如果经纬仪要瞄准焦面探测器光敏面的两个边缘点，则应在镜头和焦面之间或在经纬

仪和被测物镜之间架设强光光源照亮整个探测器光敏面。

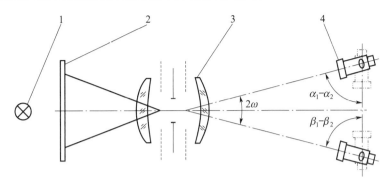

图 7 - 20　用两台经纬仪测量视场角

1—光源　2—视场光栏（或边框）　3—被测物镜　4—经纬仪

采用光电探测器的空间光学遥感器视场角的测试通常在焦面组件装配调整完成之后进行，目前常用的方法是图 7 - 19 所示的方法，用一台经纬仪测量视场角。需要注意的一点是，对于远心光路或接近于远心光路的光学系统，通常在经纬仪和镜头之间架设强光光源或强光柯拉灯光源来照明探测器光敏面，即可从经纬仪中看到探测器光敏面边缘的像。但对于出瞳到探测器光敏面边缘的光线与镜头光轴夹角很大的光学系统，测试视场角时需要从镜头靠近焦面的空间架设强光光源，才能从经纬仪中看到探测器光敏面边缘的像。

7.3.3　F 数

光学系统的 F 数是相对孔径的倒数。

$$F = f'/D \tag{7-15}$$

式中，f' 为光学系统的焦距；D 为光学系统的入瞳直径。

f' 的大小由 7.3.1 中焦距测试得出。

入瞳直径 D 测试原理图如图 7 - 21 所示。在被测物镜前放置带有刻度的导轨，导轨方向垂直于被测物镜光轴；导轨上放置测量显微镜，调节其光轴与被测物镜光轴重合；靠近被测物镜放置光源，照亮孔径光栏表面，沿导轨移动测量显微镜，测试入瞳直径 D[9]。

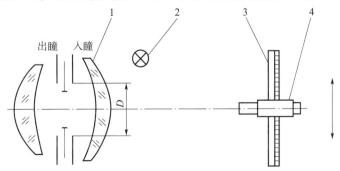

图 7 - 21　光学系统入瞳直径测试原理图

1－被测物镜　2—光源　3—导轨　4—测量显微镜

按式（7-15）计算 F 数。

对于入瞳位于反射镜上的反射式光学系统，入瞳直径可以通过测量入瞳所在反射镜的通光口径和实测的光学系统焦距值获得，按式（7-15）得出系统的 F 数。

7.3.4　透射比（透过率）

光学系统的透射比分为光谱透射比和积分透射比两种。

（1）光谱透射比

空间光学系统的光谱透射比是空间光学遥感器光谱响应的一部分，应用在遥感器辐射定标的等效辐亮度计算中。

图 7-22 为光学系统光谱透射比一种测试装置的原理图。

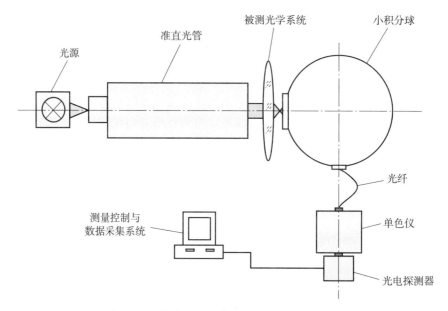

图 7-22　光学系统光谱透射比测试装置原理图

光源发出的光会聚于准直光管焦面，准直光管输出平行光，小积分球可收集经过被测光学系统和不经过被测光学系统两种情况下的光谱辐射通量，由放置在积分球侧面出口的光纤收集积分球出口的光并引入光信号到单色仪输入端，连接在单色仪输出端的高灵敏度探测器接收光信号完成光谱辐射通量测量。假设经过光学系统和不经过光学系统所测得的光谱辐射通量分别为 $M(\lambda)$ 和 $N(\lambda)$，则光谱透射比 $T(\lambda)$ 可由式（7-16）得出：

$$T(\lambda) = \frac{M(\lambda)}{N(\lambda)} \qquad (7-16)$$

该方法的优点为：

1）分光在被测光学系统后完成，比较有利于控制背景白光杂散光的影响；

2）模块化组合，测试波长范围由单色仪和探测器决定，探测器分波段可选，探测器灵敏度较高。

由于采用单光路测试，需要采用光谱分布及光通量高稳定性的光源；使用光纤，对测试光能量有衰减，对测试光谱带宽有一定限制。准直光管的口径需根据被测光学系统的口径合理选择，以保证测试信号在探测器的线性响应范围内。

对于大口径全反射式光学系统，如果没有口径能满足要求的光谱透射比测试装置，可以采用每块反射镜同炉镀膜试片的光谱反射比相乘，来得到光学系统的光谱透射比。

图 7-23 给出了某被测空间光学系统的光谱透射比曲线。

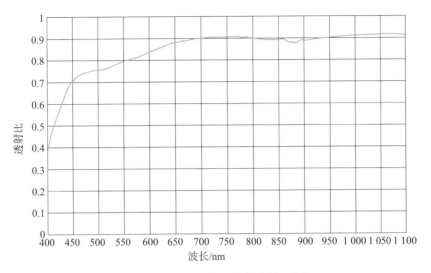

图 7-23　光学系统的光谱透射比曲线

（2）积分透射比

空间光学系统的积分透射比 τ 可以使用归一化的光谱透射比和光学系统的谱段范围按下式计算得出。

$$\tau = \frac{\int_{\lambda_1}^{\lambda_2} T(\lambda)\mathrm{d}\lambda}{\lambda_2 - \lambda_1} \qquad (7-17)$$

式中，λ_1 和 λ_2 分别为光学系统波长范围的下限和上限。

也可以采用图 7-24 所示的测试系统进行轴向透射比的测试[9]。

调好测试系统共轴且光栏不挡光，在测试支架上安装被测物镜（实测）和不安装被测物镜（空测）两种状态下各自读出光电探测器的输出 m_1 和 m_2，按 $\tau = m_1 / m_2$ 计算积分透射比，m_1 和 m_2 需进行多次测量取各自的平均值，测试过程中光源需具有高稳定性，测试环境需要密光。

7.4　与辐射质量相关量的测试

7.4.1　杂散光

光学系统成像时，到达像面的光线中，除了按正常光路到达像面的成像光线外，还有

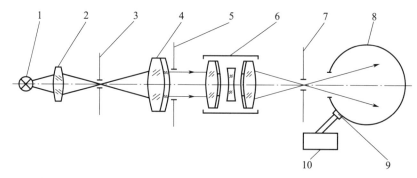

图 7 - 24　轴向透射比测试系统示意图

1—光源　2—聚光镜　3—小孔光栏　4—平行光管物镜　5—光栏　6—被测镜头

7—光栏　8—积分球　9—光电探测器　10—光电探测器输出信号采集系统

一部分按非正常光路到达像面的非成像光线，这部分到达像面但不参与成像的有害光线称为杂散光，或简称杂光。杂散光会导致空间光学系统成像的调制度下降，某些情况下还会产生鬼像和耀斑，不仅影响空间相机的成像质量，还会影响相机的辐射质量和辐射定标精度。

评价空间光学系统杂散光抑制能力的参数主要包括以下三种：

（1）杂光系数（Veiling Glare Index，VGI）

在均匀亮度的扩展视场中放置一个"黑塞子"（光陷阱），经被测镜头成像后，其像中心区域的光照度与移去"黑塞子"放上"白塞子"后在像面上同一处的光照度之比，VGI 以百分比表示。该测试方法通常称为面源法（或扩展源法、黑斑法）[3,7]。

（2）点源透过率（Point Source Transmittance，PST）

光学系统视场外与光轴夹角 θ 处的点光源，经光学系统后出瞳辐照度 $E_d(\theta,\lambda)$ 与入瞳辐照度 $E_i(\theta,\lambda)$ 的比值，其数学表达式为

$$\mathrm{PST}(\theta,\lambda) = \frac{E_d(\theta,\lambda)}{E_i(\theta,\lambda)} \qquad (7-18)$$

（3）杂光扩散函数（Glare Spread Function，GSF）

小的物光源在像面上的杂散光照度与小光源轴上光源像的总通量之比，GSF 单位为 m^{-2}。其表达方式为

$$\mathrm{GSF} = \frac{杂散光照度}{轴上光源像的总通量}$$

测量 GSF 的方法通常称为点源法。

对于微光成像的空间相机，杂散光的测试必须重点考虑，需要进行全面的杂光测试。对于光谱仪或成像光谱仪，杂光扩散函数的测试有助于定量了解像面上的杂光分布情况。考虑到目前国内大多数空间光学系统主要还是以杂光系数来评价杂散光抑制的效果，本节主要阐述杂光系数的面源法测试。它是以假设杂光在像平面上分布是均匀的为前提的。

面源法的测试原理图[9]如图 7 - 25 所示。该方法中杂光系数 η 定义为像面上的杂光光

通量 F_0 和总的光通量 F 之比，即 $\eta = F_0/F$。在面源法中：

$$\eta = \frac{E_G S}{E_0 A + E_G S} \qquad (7-19)$$

式中，E_G 为杂光在像面上形成的照度；E_0 为成像光束在像面上形成的照度；S 为像面总的面积；A 为面光源在像面上所成像的面积。

面光源像的面积 A 越大，则在像面上形成的杂光照度 E_G 就越大，越容易测量准确，如果 A 趋近 S，则上式可写为

$$\eta = \frac{E_G}{E_0 + E_G}(\%) \qquad (7-20)$$

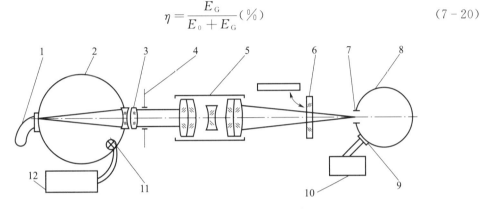

图 7 - 25　轴向杂光系数测试系统示意图

1—牛角形消光管（或白塞子）　2—球形平行光管　3—球形平行光管物镜　4—可变光栏
5—被测物镜　6—中性减光片　7—光栏 ′8—积分球　9—光电探测器
10—光电探测器输出信号采集系统　11—光源　12—光源供电设备

牛角形消光管（"黑塞子"）可以更换成涂层与球内壁完全相同的"白塞子"，用于测量总 $E_0 + E_G$。由于杂光照度 E_G 和总照度 $E_0 + E_G$ 分别与光电探测器的读数 m_1 和 m_2 成正比，故杂光系数叫以由式（7 - 21）计算得出

$$\eta = \frac{E_G}{E_0 + E_G} = \frac{m_1}{m_2} \times 100\% \qquad (7-21)$$

式中，m_1 为光电探测器将杂光照度转换为电信号的量值；m_2 为光电探测器将总照度转换为电信号的量值。

当需要测量轴外视场的杂光系数时，可将被测物镜绕入瞳中心并垂直于光轴的线转不同的视场角，图中 6、7、8 也随之转动，再按上述同样的方法，即可求出轴外视场的杂光系数。

7.4.2　偏振度

太阳光经地物反射或散射进入对地观测光学遥感相机的空间光学系统时，地面反射或散射光的偏振状态随地物不同而变化，对于海洋观测和水色探测的空间光学系统，需要对偏振度的测试重点关注。当入射光线以非正入射的方式投射到光学元件上（如投射到分束器，掠入射到反射镜、透镜、带通滤光片等元件）时，尤其是大角度入射到光学元件上

时，会引起光学系统出射光的偏振态发生变化[1]，这种出射光偏振态的变化严重时，会影响光学系统的成像质量和辐射质量。

依据 CODE V 光学设计软件提供的偏振度计算方法，当偏振方向为水平、竖直、45°和 135°方向的完全线偏振光通过光学系统后，其强度分别变成 I_H、I_V、$I_{45°}$ 和 $I_{135°}$，左旋和右旋偏振光经过光学系统后的强度分别变成 I_L 和 I_R，则光学系统的四个斯托克斯参数定义为

$$S_0 = I = I_H + I_V = I_{45°} + I_{135°} = I_R + I_L \tag{7-22}$$

$$S_1 = I_H - I_V \tag{7-23}$$

$$S_2 = I_{135°} - I_{45°} \tag{7-24}$$

$$S_3 = I_R - I_L \tag{7-25}$$

从而得到被测量光学系统的偏振度：

$$DOP = \sqrt{\frac{S_1^2 + S_2^2 + S_3^2}{S_0^2}} \tag{7-26}$$

图 7-26 为偏振度测试系统原理图。

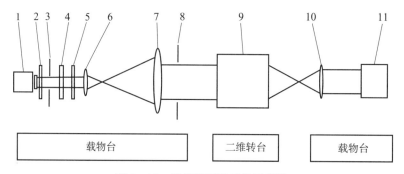

图 7-26　偏振度测试系统原理图

1—平行白光光源　2—滤光片　3—可变光阑1　4—偏振棱镜　5—1/4波片　6—扩束透镜
7—准直透镜1　8—可变光阑2　9—待测镜头　10—准直透镜2　11—探测器

测试时，通过转动偏振棱镜 4，改变入射光的偏振方向，使入射光的偏振方向分别为 0°、45°、90°和 135°，用探测器分别接收经过被测光学镜头后的光信号，得到"水平""45°""垂直""135°"透射光信号大小 I_H、$I_{45°}$、I_V、$I_{135°}$；然后，将 1/4 波片放置于偏振棱镜的后端，则线偏振光变成圆偏振光，测量此时的透射光信号大小，然后将对应的 1/2 波片放置于 1/4 波片之后，测量此时的透射光信号，就获得了 I_L 和 I_R。再依据式（7-22）~式（7-26）得到被测光学镜头的偏振度。

偏振度测试系统的典型技术指标：

1）绝对测试精度（P-V值）：≤0.005；

2）重复性精度（RMS值）：≤0.001；

3）可测镜头口径范围：ϕ5 mm~ϕ220 mm；

4）测试光谱范围：0.4 μm~1.0 μm；

5) 视场角调节定位精度（P - V 值）：0.1°

7.5　与几何质量相关量的测试

空间光学遥感器的几何质量评价包括内方位元素、畸变和外方位元素等。内方位元素与畸变测试是了解空间光学遥感器成像几何性能的重要手段，对在轨图像的地面几何精度标定具有重要意义。内方位元素的测试对测绘相机尤为重要[10]。外方位元素是确定影像或摄影主光束在摄影瞬间的空间位置和姿态的参数，包含 6 个参数，其中 3 个描述摄影中心在物方空间坐标系的位置 X、Y、Z，3 个描述姿态的参数 ω、φ、κ[11]。外方位元素的测试涉及卫星姿态、地物坐标等多方面因素，本节重点阐述内方位元素、畸变的测试。因外方位元素的测试涉及空间光学系统本身以外的卫星姿态、地物坐标等因素较多，故本节未继续阐述空间光学系统的外方位元素。

对于高精度的空间测绘相机而言，为了给后期图像解析处理提供依据，相机发射前的内方位元素与畸变标定是不可或缺的环节。空间相机内方位元素的在轨稳定性直接影响相机的在轨定位精度。

过去几十年，许多方法已经被提出用于对相机的内方位元素进行标定。经典的实验室标定方法可分为两种类型：网格法和准直光法。在网格法的方案中，采用相机拍摄网格不同角度下的图像，根据校准网格和图像点求解非线性方程组的最优解，最终得到相机内参数。该方案不需要测量相机相对于标定网格的角度，数据处理精度高，易于实现。然而，当标定长焦距相机的内方位元素时，标定网格由于成像距离远，无法满足理想成像距离，导致图像散焦而无法实现高精度标定，甚至无法标定，这种情况下可以采用准直光法，用平行光管生成单束准直的光，利用高精度转台调整相机相对于平行光的角度，并用高精度测角仪测量该角度。根据平行光和相机光轴的相对角度值及对应的图像坐标，标定出相机的内方位元素。这种方法适用于较长焦距相机的内方位元素标定，但其实验条件是非常苛刻和昂贵的。这种方法的内方位元素标定精度随相机视场角的减小而降低[12]。

目前，在以 CCD 器件或 CMOS 器件为焦面探测器的空间光学遥感器研制中，内方位元素和畸变的测试通常以探测器的像元尺寸作为已知的长度单位来测量系统的像高，利用平行光管、高精度的二维精密转台、高精度的光电自准直仪和多齿分度台等，在空间光学遥感器焦面组件和镜头集成阶段实现内方位元素和畸变的测试。下面将主要对该方法进行阐述。

（1）基本概念

内方位元素包括主点和主距。

主点：CCD 线阵所在直线与垂直于该直线且过后节点的直线的交点。

主距：由相机的后节点到像场的平均最佳的清晰面间沿着视轴所量得的距离（其物理意义为使得整个相机视场范围内畸变平方和最小的规划主距）。

畸变：实际像高与理想像高之差。

视轴：后节点与主点之间的连线。

如图 7 - 27 所示，其中 P 为主点位置，O 为线阵 CCD 中心像元，O_1 为镜头投影中心。

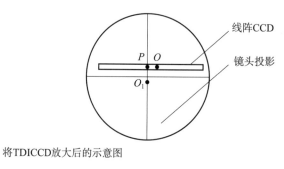

将TDICCD放大后的示意图

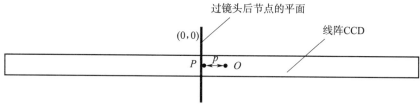

图 7 - 27　主点定义示意图

（2）测试原理

内方位元素和畸变测试原理如图 7 - 28 所示。图中，H' 为被测相机物镜的后节点，O 为像面中心，P 为像面主点位置，f 为被测相机主距，S_i 为被测点，S_i' 为被测点的理想位置，L_i 为 S_i 距像面中心 O 点的距离，W_i 为对应 S_i' 的偏角，角度 ΔW 是主点和像面中心偏差所成的角度，P 为像面主点相对于像面中心的距离。

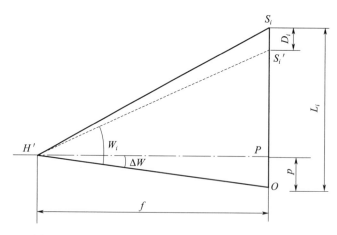

图 7 - 28　最小二乘法一维内方位元素和畸变测量原理

根据内方位元素和畸变定义，主点位置测试时，利用测量手段将相机视轴与平行光管光轴调平行，此时靶标成像在 CCD 上的位置即为相机主点位置。

主距与畸变利用最小二乘法在整个相机视场范围内测量得出，一般主点的偏移量很小[12]，其计算公式如下：

$$D_i = L_i - f\tan W_i + p\tan^2 W_i \tag{7-27}$$

$$f = \frac{\sum L_i \tan^2 W_i \sum \tan^3 W_i - \sum L_i \tan W_i \sum \tan^4 W_i}{\left(\sum \tan^3 W_i\right)^2 - \sum \tan^2 W_i \sum \tan^4 W_i} \tag{7-28}$$

根据测得的靶标像质心位移 L_i 和相机旋转的角度 W_i，利用上述公式即可求出对应相机的主距以及对应各点的畸变值 D_i。

（3）测试方法

采用测角法，通过旋转相机实现内方位元素和畸变的测试。测试系统示意图如图 7-29 所示[13]。

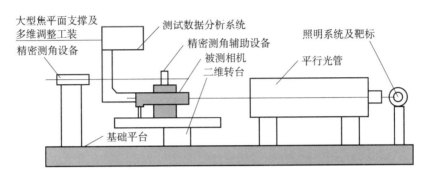

图 7-29　内方位元素测试系统示意图

选择基础平台，并将工作台面调成与大地水平，将相机连同工装放置在转台台面上，尽量使得相机的入瞳位置位于转台俯仰转轴的旋转中心。旋转转台，使靶标成像在相机不同视场，利用多齿分度台、高精度自准直仪等测角仪器测量相机视场角；以探测器的像元尺寸作为已知的长度单位，并利用相机的 CCD 或 CMOS 探测器采集靶标图像，计算靶标像质心位移，通过最小二乘法计算畸变和内方位元素。当相机 CCD 或 CMOS 探测器线阵方向为竖直方向时，考虑到一般转台在俯仰方向的示值精度较水平转角方向示值精度低，可以在转台俯仰轴的轴心处安装精密测角设备（卧式多齿台、小平面反射镜及光电自准直仪等）以提高测角精度，进而提高内方位元素和畸变的测试精度。

主点位置测试时，利用经纬仪监测将相机光轴与平行光管视轴调至平行，此时靶标成像在 CCD 上的位置即为相机主点位置。

7.6　空间光学系统成像质量影响因素分析

7.6.1　空间光学系统测试的特点

相对于一般地面使用的光学系统的测试，空间光学系统的测试主要有以下特点：

1）空间光学系统与地面上使用的光学系统最大的不同是空间光学系统在轨处于微重力状态和真空环境，空间光学系统在地面测试时需考虑重力和真空环境对成像质量的影响；

2）光学元件和结构件高度轻量化带来的光学表面面形对结构支撑的敏感性，会造成空间光学系统的成像质量易受镜头支撑影响[14]，因此光学测试过程中，需要解决高轻量化光机结构支撑合理性与稳定性的问题；

3）由于空间光学系统的 MTF 接近衍射极限，对成像质量测试精度要求高。因此对相关测试过程中涉及的仪器设备、操作步骤、处理方法、误差分析等也有严格的要求；

4）由于空间光学系统与电子焦平面在整个制造过程中往往密不可分，因此光学系统部分参数需要结合焦平面结构或焦面组件才能更有效地获得。如果被测的空间光学系统过于庞大，即使一些常规的测试也将变得难以实现，此时往往需要采取仿真与系统中的子单元（或缩比系统）测试验证并用的手段；

5）为了在测试过程中尽量真实地模拟系统在轨的实际状态，所需要的测试配套条件往往十分昂贵而复杂[15]。

7.6.2　测试链路误差源分析

由于空间光学系统的 MTF 设计值接近衍射极限，光学设计对光学元件的面形、偏心、倾斜和镜间距的要求均较普通光学系统要求严格；而由于卫星平台对载荷重量的限制，光学零件和结构件的轻量化程度呈现出越来越高的趋势，高度轻量化导致光学表面的面形易受外力的影响，而面形的恶化将导致光学系统像质下降。这些都要求空间光学系统成像质量的测试尽可能地减小误差，提高准确性。为保证空间光学系统成像质量的测试精度，需要对影响测试精度的因素进行全链路的分析，如高轻量化镜头支撑的合理性、重力、抖动、气流扰动、自准直平面镜的口径和面形等影响因素，并采取相应的措施。

以中大口径长焦距空间光学系统波像差为例，表 7-2 给出了测试链路的主要误差源及相应的控制措施。

表 7-2　中大口径长焦距空间光学系统波像差测试链路的主要误差源及控制措施

序号	误差源	控制措施
1	高度轻量化光学镜头的支撑对镜面面形的影响	结合镜头结构模型及力学仿真计算设计专用支撑工装，并在镜头支撑状态下对主镜面形进行实际测量
2	地面测试时重力对镜面面形和各镜失调量的影响	采取重力卸载措施或其他仿真预估措施，保证测试结果的天地一致性
3	自准直平面镜的面形影响测试结果的准确性	保证自准直平面镜的面形 RMS 值不大于 $1/50\lambda$（$\lambda=632.8$ nm），大口径自准直平面镜应有面形测试手段
4	环境振动导致干涉条纹采不下来或影响测试重复性	配置隔振地基和气浮平台，干涉仪选用抗振性能好的动态干涉仪
5	气流扰动影响测试的准确性和重复性	改进环境控温、控湿措施，并控制温度变化速率、空气流动速度和环境温度梯度

7.6.3　变重力及真空环境影响

对于小口径空间光学系统而言，一般重力影响可以忽略，其性能参数的测试与地面用光学系统的测试基本相同。

对于大口径及对装调公差要求严格的中等口径空间光学系统而言，其发射前在地面的系统测试需要考虑重力对系统成像质量的影响。地面测试时，重力对中大口径空间光学系统的影响主要表现在对光机组件光学表面面形的影响、对各个镜片偏心倾斜的影响及对镜间距的影响，这些影响都会导致在地面测试的空间光学系统的成像质量与在轨成像质量存在差异。解决这个问题的途径目前一般有以下三种。

第一种途径是通过重力卸载保证各反射镜组件的面形和反射镜的位置，以保证空间光学系统在轨的成像质量与地面测试时一致[16]。在地面测试时对空间光学系统镜头进行重力卸载，实现微重力状态模拟，卸载力的大小和卸载位置需要通过对镜头进行全链路的力学仿真计算，并结合光学装调的公差要求来确定，然后在工程上实现卸载力的加载和调整。在镜头上实施重力卸载并将卸载力调整到位之后，再进行光学系统成像质量的测试，这样可以有效地减小空间光学系统地面像质测试结果与在轨实际性能的差异。

第二种途径是地面测试时不在镜头上进行重力卸载，而是通过对系统全链路进行详尽的力学仿真计算，准确预估并实验验证重力对各光学表面面形的影响量、重力对各镜轴向位置的影响量（主要针对同轴反射式光学系统），将这些影响量折算成镜间距的在轨补偿量。在地面进行光学系统测试时，按带有重力影响状态下的最佳成像质量装调出的空间光学系统测试其像质，在发射前对该空间光学系统的镜间距按上述在轨补偿量进行预置，以达到光学系统性能天地一致的目的。如果镜头上没有敏感镜间距的在轨精密调整手段，则需要在空间光学系统成像质量地面测试前就将镜间距按上述在轨补偿量进行预置，此时地面测试的系统成像质量与在轨状态是有差异的。

第三种途径是在空间光学系统中的敏感光机组件如非球面反射系统的次镜组件上增加可以在轨使用的多维调整机构，待空间光学遥感器发射入轨后，检测空间光学遥感器的成像结果，分析成像结果，得出空间光学遥感器的波像差，判断空间光学遥感器的波像差是否满足要求，如果不满足要求，则根据波像差的光学解算结果，进行次镜的位置和姿态的在轨调整，直至空间光学遥感器的波像差满足需求[17]。该方法对于大口径离轴反射式空间光学系统的在轨成像质量保证具有重要意义。

在真空环境影响方面，对于折射式空间光学系统，由于大气和真空折射率的差异，系统在大气和真空下的像面位置不同，空间相机焦面组件与镜头在大气环境中进行集成装调与测试时，需根据光学设计给出的光学系统真空离焦量进行焦面放置及调整，并在热真空环境中进行验证。对于反射式光学系统，如果保证镜间距的结构件采用的是吸湿性较大的复合材料，且光学系统对镜间距的变化比较敏感，则需要考虑大气环境下吸湿和真空环境中湿气解析后镜间距的差别对在轨像面位置的影响。

7.6.4　光学表面面形及镜头支撑影响

由于卫星平台对载荷重量的限制，空间光学遥感器的光学零件和结构件需要进行轻量化设计，轻量化程度越高，光学表面的面形越容易受结构支撑的影响。中大口径空间光学系统多采用反射式光学系统，高度轻量化造成的重量减轻，带来光学表面面形对支撑的敏感。镜面面形是保证空间光学系统成像质量的关键因素，空间光学遥感器研制中，不仅在光机组件装调过程中要严格控制光学零件和其支撑结构装配时的面形损失，在装调各个环节对光学表面的面形进行定量监测和控制，还需要在测试光学系统成像质量时重视镜头状态下镜面面形（尤其是主次镜面形）的定量监测和控制。如果测试时镜头支撑不合理，很容易造成中大口径反射镜的面形恶化，从而直接影响系统成像质量测试的准确性。因此对中大口径光学镜头的支撑工装设计必须要有足够的重视。通常需要设计专用的镜头支撑工装，工装应防止支撑产生附加应力，以避免对反射镜尤其是主镜面形产生附加影响；镜头支撑工装设计需要结合镜头的结构模型进行系统的力学仿真计算，才能设计出合理的支撑结构。镜头支撑工装应尽可能减少对反射镜尤其是主镜面形产生附加影响；镜头支撑工装应支撑稳定，减少对干涉测试造成附加的抖动。

空间光学系统成像质量测试前，需要对镜头支撑状态下光学表面（如主镜表面）的面形进行定量化的测试，必要时将测试的面形代入光学系统，对面形对光学系统成像质量的影响进行仿真预估。如果镜头支撑对光学表面的面形影响过大，导致被测光学系统成像质量较设计值明显恶化，则需要考虑改进支撑结构。

对于折射式系统而言，系统的结构形式一般为筒状，焦距较长（如米级焦距）的折射式系统，镜筒长度会达到米级，此类镜头系统波像差和 MTF 测试时，需考虑架设测试系统时镜头支撑的合理性和多视场测试的问题，通常也需要设计专用的镜头测试工装。

对于中大口径反射式空间光学系统的测试，由于此类系统的光学装调需要依据多个视场的波像差测试，由计算机辅助装调来判断各反射镜的失调量，因此系统波像差的测试通常是和系统装调相结合的。通常需要在正式进行镜头系统装调之前，先测试镜头状态下大口径反射镜面形，以排除由于支撑或连接造成的面形恶化。

对于多通道集成的光学系统，需要综合考虑不同干涉测试光路的搭建及工装设计问题，并需要考虑不同通道的重力卸载问题。

7.6.5　其他影响因素

由于空间光学系统型式（折射式、折反射式和全反射式）、口径、焦距、谱段、通道数量等方面的多样化，测试空间光学系统的仪器设备不仅要满足十几毫米到几米口径、几十毫米到几十米焦距的系统测试需求，还需要在保证可见光谱段系统测试的基础上满足短波、中波红外和长波红外谱段的系统测试需求。因此空间光学系统的测试仪器设备需要具备多样化组合的能力。

对于口径小于 600 mm、焦距小于 6 m 的中小口径空间光学系统，一台传函仪就能完成 MTF、焦距和积分透射比的测试；系统波像差可以直接用平面波干涉仪测试或用自准直平面镜和球面波干涉仪测试。

对于中大口径长焦距空间光学系统 MTF 测试而言，现有的传函仪已经不能满足测试需求，这类光学系统一般通过系统波像差测试得到单波长的 MTF。因此，对中大口径长焦距空间光学系统而言，系统波像差测试是评价系统成像质量的关键，但其测试并不像通常的测试那么简单，除了上述重力、面形及支撑因素之外，还需要考虑其他多方面的因素，并采取有针对性的解决措施。

以中大口径长焦距空间光学系统波像差测试为例，其测试系统的建立还需要考虑以下几方面：

1）测试系统需要具备不同视场波像差测试的功能。中大口径空间光学系统一般采用从焦面入射球面波、被测系统出射平面波后经自准直平面镜返回的干涉测试系统，自准直平面镜需具备两维倾斜调整功能，被测系统焦面一侧的干涉仪均应具备五维调整功能，当被测光学系统在焦面端的边缘视场的成像光束相对于光轴的角度很大时，则需要专门制作大行程的五维调整台来实现干涉仪的调整。

2）自准直平面镜的口径需要尽可能大于被测光学系统的入瞳直径，但对于大口径光学系统测试而言，当该条件无法满足时，需要通过不同子口径测试合成全口径波像差的测试方法支持[18]。

3）自准直平面镜支撑结构需要保证平面镜面形在系统测试现场使用时和在干涉仪上检测时的重复性，超过 800 mm 口径的大口径自准直平面镜需要有面形检测手段，例如利用大口径球面镜的 Ritchey - Common 法或利用小口径干涉仪的子孔径拼接法进行测试[19]。

4）长焦距光学系统波像差测试光路光程长，在选择激光干涉仪时需要对相干长度指标进行充分考虑。

5）中大口径长焦距空间光学系统波像差测试由于干涉腔很长，受振动、气流扰动的影响大，需采取相应的隔振、抗振、控温、控湿及气流扰动随机化措施。

6）光学系统测试环境温度应控制在遥感器在轨工作温度范围内。

参 考 文 献

［1］ 张国瑞. 空间工程光学［D］. 北京：北京空间机电研究所，2012.

［2］ 莱金. 光学系统设计［M］. 北京：机械工业出版社，2012.

［3］ 杨照金，等. 光学计量［M］. 北京：原子能出版社，2002.

［4］ Optical Testing System Operator's Manual［M］. Massachusetts：Optikos Corporation ，2002：28-81.

［5］ 宋俊儒，邢辉，等. 低温镜头能量集中度测试及误差分析［J］. 红外与激光工程，2019，48（7）：0717007.

［6］ 上海卫星工程研究所. 低温光学系统能量集中度测试系统及方法：CN107796595A［P］. 2018-03-13.

［7］ 苏大图. 光学测试技术［M］. 北京：北京理工大学出版社，2001.

［8］ Automation Macro Manual［M］. Massachusetts：Optikos Corporation ，2011：5-6.

［9］ 中国航天标准化研究所. 星载摄影相机性能检测方法：GJB 2501B—2004［S］.

［10］ 陈世平，等. 空间相机设计与试验［M］. 北京：中国宇航出版社，2009.

［11］ 张剑清，等. 摄影测量学［M］. 武汉：武汉大学出版社，2003.

［12］ 张继友. 传输型立体测绘相机几何精度仿真分析［J］. 航天返回与遥感，2012，33（3）：48-54.

［13］ 高卫军，孙立，王长杰，等. 资源三号"高分辨率立体测绘卫星三线阵相机设计与验证［J］. 航天返回与遥感，2012，33（3）：25-34.

［14］ 罗世魁，曹东晶，兰丽艳，等. 基于表观拉压模量与剪切模量差异的空间反射镜支撑［J］. 航天返回与遥感，2016，37（1）：41-47.

［15］ LEE D FEINBERG，JOHN G HAGOPIAN，CHARLES DIAZ. New Approach to Cryogenic Optical Testing the James Webb Space Telescope［J］. Proceedings of SPIE，6265，62650P1-9，2006.

［16］ 姜海滨，罗世魁，曹东晶，等. "高分二号"卫星轻小型高分辨率相机技术［J］. 航天返回与遥感，2015，36（4）：25-33.

［17］ 中国科学院长春精密机械和物理研究所. 一种空间光学遥感器次镜在轨调整方法和一种空间光学遥感器：CN110687932A［P］. 2020：01-14.

［18］ ATKINSON C ，MATTHEWS G，OSCHMANN J，et al. Architecting a revised optical test approach for JWST［J］. Proceedings of SPIE，7010，70100Q 1-8，2008.

［19］ 冯晓宇，宗肖颖. 一种去除拼接干涉图中累积误差的简单方法［J］. 红外与激光工程，2014，43（4）：997-1001.